茶学应用型教材

茶叶审评实验

林燕萍　编著
郭雅玲　审稿

复旦大学出版社

细啜

刘勤晋
庚子仲秋

前　言

茶叶感官审评（sensory evaluation of tea），又称茶叶品质评价，即审评人员运用正常的视觉、嗅觉、味觉、触觉等感官辨别能力，以定器定量的国标方法，对茶叶的外形、汤色、香气、滋味和叶底等品质因子进行综合分析和评价的过程。其主要研究茶叶品质感官鉴定的原理与方法，它贯穿于茶叶栽培与育种、加工、研发、贸易的各个环节，是一门技术性与操作性强的综合性学科。我国茶区面积广，主要分为四大茶区；茶类丰富，主要分为六大茶类。在了解茶叶的产区、工艺等知识的基础上，掌握科学的评茶方法，极为重要。茶叶审评在茶叶加工、研发、贸易及商检中进行品质鉴定与管制作用的发挥，能保证和提高茶叶的品质，且能对消费者起到正确的引导，这对于茶叶学科的进步和发展有重要意义。茶叶审评实验课是为茶学专业高年级学生开设的，也供茶叶爱好者及专业茶叶品控人员选修，是茶学专业的重要课程之一。

教材的编写以六大茶类为纲，根据茶类的茶区知识与工艺特点，结合茶叶企业生产实际情况设计六大茶类具有代表性的茶主题审评与代表名茶（西湖龙井、蒙顶黄芽、普洱熟茶、白毫银针、大红袍、正山小种）的日常品饮案例。教材有利于让更多的人走进中国茶的世界，领略杯中之山水茶韵。让茶叶爱好者、专业的评茶人员、茶艺师等可以更科学地认识茶的品质及成因，了解茶叶口感形成的影响因素，并学会挖掘茶叶的亮点进行产品设计与市场营销，利于培养专业的评茶人员队伍，利于茶叶产业的良性发展。

承蒙福建农林大学郭雅玲教授审稿，提出诸多宝贵意见，不胜感激。

感谢刘勤晋教授多年来的指导，为本书题字"细啜"。"细啜"二字不仅是品味茶的本意，更是人生的一种境界，"啜苦咽甘，茶也"诠释了苦与甘的自然关系，从品茶中悟道。一片绿叶经由制茶人的双手创造出六色之茶，色相即万象。一杯茶的背后是一方山水与人的智慧的结合，是生态与技艺的一种平衡关系，故说茶如其人，人如其茶。

茶叶审评知识丰富且深广，本书研究还有待深入，期待在今后工作中不断提升和完善，不足之处敬请读者批评指正。

林燕萍

2023 年 3 月于武夷学院

目 录

前　言 / i

第一章　茶叶感官审评基础知识 / 1
　　第一节　茶叶感官审评的历史发展及其基本概念 / 2
　　第二节　茶之源及茶的基本概念 / 35
　　第三节　我国茶区分布及茶叶基本分类 / 41

第二章　茶叶感官审评基本操作技术 / 47
　　第一节　认识茶叶感官审评室与审评方法练习 / 48
　　第二节　香型识别与味觉测验 / 49
　　第三节　冲泡条件对茶叶品质鉴定的影响 / 51
　　第四节　水对茶叶品质的影响 / 52

第三章　绿茶审评 / 57
　　第一节　绿茶概况 / 57
　　第二节　绿茶主题审评实验设计 / 66
　　第三节　绿茶茶品冲泡品鉴（以西湖龙井为例）/ 70

第四章　黄茶审评 / 78
　　第一节　黄茶概况 / 78
　　第二节　黄茶主题审评实验设计 / 84
　　第三节　黄茶茶品冲泡品鉴（以蒙顶黄芽为例）/ 86

第五章　黑茶审评 / 91
　　第一节　黑茶概况 / 91
　　第二节　黑茶主题审评实验设计 / 102

第三节 黑茶茶品冲泡品鉴（以普洱熟茶为例）/ 105

第六章 白茶审评 / 109
  第一节 白茶概况 / 109
  第二节 白茶主题审评实验设计 / 123
  第三节 白茶茶品冲泡品鉴（以白毫银针为例）/ 132

第七章 青茶审评 / 139
  第一节 青茶概况 / 139
  第二节 青茶主题审评实验设计 / 160
  第三节 青茶茶品冲泡品鉴（以大红袍为例）/ 169

第八章 红茶审评 / 177
  第一节 红茶概况 / 177
  第二节 红茶主题审评实验设计 / 190
  第三节 红茶茶品冲泡品鉴（以正山小种为例）/ 194

第九章 再加工茶审评 / 198
  第一节 花茶概况与审评要点 / 198
  第二节 压制茶概况与审评要点 / 208
  第三节 袋泡茶、速溶茶、抹茶概况与审评要点 / 210

第十章 茶叶综合审评 / 214
  第一节 茶叶审评课程教学概况 / 215
  第二节 红茶赛方案
    ——以"2021年度'元泰杯'茶通擂台赛"为案例 / 218
  第三节 斗茶赛与茶叶品质评价
    ——以"中茶杯"鼎承茶王赛、中国茶叶学会品质评价与武夷山天心村斗茶赛为例 / 221
  第四节 茶类专题培训案例 / 227
  第五节 茶叶感官审评研究学术沙龙案例 / 230
  第六节 茶叶审评主题方案设计
    ——以学生的期末考核方案"初识六大茶类"主题审评为例 / 234

附录一:《茶叶审评实验》报告 / 236

附录二:茶叶审评相关标准 / 237

附录三:"斗茶赛"地方团体标准 / 260

附录四:绿茶外观色泽表示方法及色卡 / 266

主要参考文献 / 267

后记 / 269

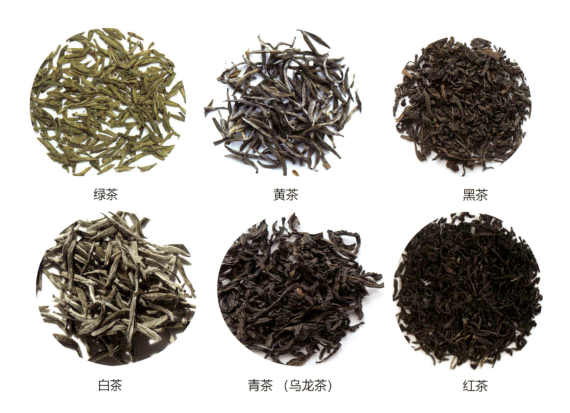

第一章　茶叶感官审评基础知识

学习目标

1. 了解茶叶感官审评的历史与定义，茶叶感官生理学基础知识；
2. 掌握茶叶感官审评的方法，评茶术语；
3. 熟悉六大茶类的产区分布，品质形成机理，品质特征等知识。

本章摘要

"茶叶审评实验"是茶学专业学生的一门核心课程。茶叶审评实验主要研究茶叶品质感官鉴定的原理与方法，它贯穿茶叶栽培与育种、加工、研发、贸易的各个环节，是一门技术性与操作性较强的综合性学科。我国茶区面积大，主要分为四大茶区；茶类丰富，主要分为六大茶类。茶叶审评在茶叶加工、研发、贸易及商检中进行品质鉴定与管制作用的发挥，能保证和提高茶叶的品质，且能对消费者起到正确的引导，这对于茶叶学科的进步和发展有重要意义。

关键词

茶叶感官审评；协同效应；六根六识理论；评茶术语；六大茶类；四大茶区

第一节　茶叶感官审评的历史发展及其基本概念

一、茶叶感官审评的历史发展

关于茶叶感官审评可追溯到秦汉时期。唐代的茶宴，宋代的斗茶，都是全国性的或州府性的评茶大会。这些茶事活动都有一定的成文或者不成文的条款，这些条款成为现今茶叶感官审评的基础。

（一）秦汉时期的评茶

《神农本草经》记载："茗，苦荼，味甘苦，微寒无毒，主瘘疮，利小便，去痰渴热，令人少睡。"东汉时期增补《神农本草经》载："茶味苦，饮之使人益思、少卧、轻身、明目。"这既是对茶的药用功效的描述，又是对茶味的描述，即茶味"甘苦"。

（二）南北朝时期的评茶

我国南北朝时期，佛教开始发达，佛教的六根六识认知事物的理论，正是当今茶叶感官审评的基础。现今就是用感官来认识与鉴评茶叶的。

（三）唐代的评茶

唐代陆羽的《茶经》是我国第一部茶叶专著，它总结了到盛唐为止的中国茶学，以其完备的体例囊括了茶叶从物质到文化、从技术到历史的各个方面。陆羽《茶经》的问世，奠定了中国古典茶学的基本构架，成为中国古代茶学的百科全书。

自陆羽的《茶经》出现，茶便有了标格，或曰品位。《茶经》提出了影响茶叶品质的因素，对于提升茶叶品质、正确评价茶叶品质具有推动作用。具体因子如下：①土质因子，"其地，上者生烂石，中者生砾壤，下者生黄土"。②茶树生长环境，"野者上，园者次"。③鲜叶因子，"紫者上，绿者次；笋者上，芽者次；叶卷上，叶舒次"。④光照因子，"阳崖阴林"，"阴山坡谷者，不堪采掇，性凝滞，结瘕疾。"⑤采摘时期和方法，"凡采茶，在二月、三月、四月之间……"。"其日，有雨不采，晴有云不采。晴，采之。"⑥茶的产区情况，"山南：以峡州上……襄州、荆州次……"。

关于茶的鉴评详见《茶经》三之造："自采至于封，七经目。自胡靴至于霜荷，八等。或以光黑平正言嘉者，斯鉴之下也。以皱黄坳垤言佳者，鉴之次也。若皆言嘉及皆言不嘉者，鉴之上也。何者？出膏者光，含膏者皱；宿制者则黑，日成者则黄；蒸压则平正，纵之则坳垤。此茶与草木叶一也。茶之否臧，存于口诀。"原文提出了茶叶经制作后有八种类型；指出如何科学地评价茶饼的品质好坏的要素；具体分析了形状与色泽的成因；并指出鉴评茶叶优劣，存于口诀之中。结合《茶经》六之饮："茶有九难：一曰造，二曰别，三曰器，四曰火，五曰水，六曰炙，七曰末，八曰煮，九曰饮。阴采夜焙，非造也；嚼味嗅香，非别也。"可知，陆羽所说的评茶不仅要从香气与滋味的因子角度考虑，更要结合外形的形状与色泽来综合评价，融会贯通。这与我们现在的评茶所参照的五项因子基本是一样的。

唐代之后，茶叶色香味形的标准不断演进。

（四）宋代的评茶

（1）宋代蔡襄的《茶录》是注重评茶的著作。共两卷，上篇论茶，下篇论茶器。《茶录》上篇论茶记载："色，茶色贵白；香，茶有真香；味，茶味主于甘滑。"论茶篇对茶叶内质色、香、味的品质条件，做了十分详尽的描述。对茶叶色、香、味颇有独具匠心的见解，尤其对茶味主"甘滑"的理解，即茶味重"甘爽润滑"之意。"甘滑"也是现今常用的茶叶滋味评语。

（2）宋徽宗赵佶《大观茶论》，其"鉴辨"与"外焙"篇侧重于评茶部分。

"鉴辨"篇载："茶之范度不同，如人之有面首也。膏稀者，其肤蹙以文；膏稠者，其理敛以实。即日成者，其色则青紫；越宿制造者，其色则惨黑。有肥凝如赤蜡者，末虽白，受汤则黄；有缜密如苍玉者，末虽灰，受汤愈白。有光华外暴而中暗者，有明白内备而表质者。其首面之异同，难以概论。要之，色莹彻而不驳，质缜绎而不浮，举之则凝然，碾之则铿然，可验其为精品也。有得于言意之表者，可以心解。""外焙"篇载："世称外焙之茶，脔小而色驳，体好而味澹，方之正焙，昭然可别。近之好事者箧笥之中，往往半之蓄外焙之品。盖外焙之家，久而益工制造之妙，咸取则于壑源，效像规模，摹外为正。殊不知，其脔虽等而蔑风骨，色泽虽润而无藏蓄，体虽实而膏理乏缜密之文，味虽重而涩滞乏馨香之美，何所逃乎外焙哉。虽然，有外焙者，有浅焙者。盖浅焙之茶，去壑源为未远，制之能工，则色亦莹白，击拂有度，则体亦立汤，惟甘重香滑之味稍远于正焙耳。至于外焙，则迥然可辨。其有甚者，又至于采柿叶桴榄之萌，相杂而造，味虽与茶相类，点时隐隐有轻絮泛然，茶面粟文不生，乃其验也。桑苎翁曰：'杂以卉莽，饮之成病。'可不细鉴而熟辨之？"《大观茶论》关于茶的鉴别，详细论述了与成品茶品质相关的因素有：天时，采制工艺，产区，品种，掺杂作伪，贮藏条件等。并且提出茶叶的鉴别，有的可以用言语与意旨表达，有的需要用心领会。

此外，宋代宋子安《东溪试茶录》、黄儒《品茶要录》等著作，都对茶叶审评与品质分析做了较为独到的阐述。

（五）明代的评茶

至明代以散茶冲泡为主流，求茶之本真。明清文人品茶，求真香、真色、真味，用雅致的语言描摹感官认知，往往有精彩的文字阐发，主要特点是对茶之色香味的比喻描摹。如明代文人李日华评虎丘茶："虎丘气芳而味薄，乍入盎，菁英浮动，鼻端拂拂，如兰初坼，经喉吻亦快然，然必惠麓水，甘醇足佐其寡薄。"又如张岱评兰雪茶，"色如竹箨方解，绿粉初匀，又如山窗初曙，透纸黎光"。他们对茶叶的色香味细致入微的观察与体验，是明清文人评茶特色。

（1）明代屠本畯《茗笈》说"色味香品，衡鉴三妙"。时人品饮武夷茶，留下鉴评笔墨。

（2）明代许次纾的《茶疏》共写了36条，主要论述茶叶品质的采制、贮藏、烹点等方法，提出了"名山必有灵草"的见解，并对明代炒制的绿茶工艺及品质做出了明确的认可："旋摘旋焙，香色俱全，尤藏真味"。饮啜篇："一壶之茶，只堪再巡。初巡鲜美，再则甘醇，三则意欲尽矣"。《茶疏》通篇贯穿着品质高下的对比，并提出一些文字优雅简洁而含义深远的评茶述语，如鲜美，甘醇等品质评语沿用至今。

（3）明人徐惟起总结宋元至明清武夷茶的变化："宋元制造团饼，稍失真味。今则灵芽仙萼，香色尤清，为闽中第一。"

茶叶历史推进，呈现不同的鉴评认知语言。纵观明代的张岱、罗廪、李日华、徐惟起，清代的袁枚、爱新觉罗·弘历（乾隆帝）、梁章钜等人，他们研究如何饮茶、赏茶，建构了丰富的茶叶审评体系。

（六）清代的评茶

自明清以后，出现了"发酵工艺"的红茶与青茶（乌龙茶）。

清代袁枚在《随园食单》中表示，自己一开始不喜武夷茶，"嫌其浓苦如饮药"，后来再游武夷，僧人、道士争相以茶款待，才一反之前对武夷茶的印象："杯小如胡桃，壶小如香橼，每斟无一两。上口不忍遽（jù）咽，先嗅其香，再试其味，徐徐咀嚼而体贴之。果然清芬扑鼻，舌有余甘。一杯之后，再试一二杯，令人释躁平矜，怡情悦性。始觉龙井虽清而味薄矣，阳羡虽佳而韵逊矣。颇有玉与水晶，品格不同之故。故武夷享天下盛名，真乃不忝。且可以瀹（yuè）至三次，而其味犹未尽"。文中描绘的是小壶冲泡武夷茶，小杯品啜。袁枚《试茶》诗也写道："道人作色夸茶好，磁壶袖出弹丸小。一杯啜尽一杯添，笑杀饮人如饮鸟。……我震其名愈加意，细咽欲寻味外味。杯中已竭香未消，舌上徐停甘果至。"小壶泡法，品出武夷茶香醇回甘的特点，一反之前对武夷茶的印象。之间的变化，盖与武夷茶制法的进步以及品饮方法的改进有关。

以下就时人的鉴评资料，分别讨论武夷茶茶性温、山场、品种、季节、色香味等方面内容。

1. 武夷茶性温

清代赵学敏《本草纲目拾遗》："武夷茶，出福建崇安，其茶色黑而味酸，最消食下气，醒脾解酒。惟武夷茶性温，不伤胃。"郭柏苍《闽产录异》："凡茶，他郡产者，性微寒；武夷九十九岩产者，性独温。"又说九十九岩的茶可三瀹，外山两瀹即淡。张英《即事三首》诗："年来性癖武夷茶，风味温香比豆花。"茶性寒温，与茶叶内质以及加工方式相关。做青发酵便是其中的一道关键工序，茶叶在有氧条件下发生酶促氧化，参与茶叶色泽、香气和滋味的形成。现代茶叶科学证明，茶叶性之温寒与发酵程度相关，发酵程度高者，性温。根据以上"色黑而味酸""性温"的记载，可以试想，武夷茶从蒸青绿茶、炒青绿茶，已经发展到了发酵的工艺。

2. 武夷岩茶的品质因山场、品种、季节不同而异

（1）清代刘靖《片刻余闲集》载："武夷茶高下共分二种，二种之中，又各分高下数种。其生于山上岩间者，名岩茶。其种于山外地内中，名洲茶。岩茶中最高者曰老树小种，次则小种，次则小种工夫，次则工夫，次则工夫花香，次则花香。洲茶中最高者曰白毫，次则紫毫，次则芽茶。凡岩茶，皆各岩僧道采摘焙制，远近贾客于九曲内各寺庙购觅，市

中无售者。洲茶皆民间挑卖，行铺收买。山之第九曲尽处有星村镇，为行家萃聚所。外有本省邵武，江西广信等处所产之茶，黑色红汤，土名'江西乌'，皆私售于星村各行。而行商则以之入于紫毫、芽茶内售之，取其价廉而质重也。本地茶户见则夺取而讼之于官。芽茶多属真伪相参。其广行于京师暨各省者，大率皆此。唯粤东人能辨之。又五曲道院名天游观，观前有老茶，盘根旋绕于水石之间，每年发十数枝，其叶肥厚稀疏，仅可得茶三、二两，以供吕纯阳，因名曰'洞宾茶'。届将熟时，道人请于邑令，遣家人于采茶之前夕住宿其庙，次日黎明同道人带露采摘，守候焙制，顷刻而成，先以一杯供纯阳道人，自留少许。余者尽贮小瓶中，封固用图记，交家人持回。茶香而冽，粗叶盘屈如干蚕状，色青翠似松萝。新者但可闻其清芬，稍为咀味，多则不宜。过一年后，于醉饱中烹尝之，则清凉剂也。余为崇安令五年，至去任时计所收藏未半斤，十余载后亦色香俱变矣。"

（2）清代郑杰《武夷茶考略》载："武夷茶甲天下，其真赝之别，美善之分，香色臭味，判于微眇，非山中老僧与数十年善贾不能定其为某岩某种也。有客入山，杖履所历，各峰山僧各以小种相尝。山光水态，悦人心目，神气清爽，颇能定其高下。大担岩上向阳者受风日雨露最全，品特佳，而制法精粗亦异。乃同一岩而独一、二树，香色又别于众树，则不可解也。山僧当初春时，悬木牌识其处，则山童不敢采，如乔松独树之类，若风日妍好，僧手自采撷，以微火焙之，俟香气达外，如兰如荷，则急制作。岩不数种，种不斤许，小种之所以贵也。购者得两余，以为异珍。即山僧赠人，亦以二三两为率，外人不得尝。次则花香，即岩上向阳所产，以头春者味特厚，则当事贵客之所求，即大吏作贡，亦以花香为例。以小种产少，不可继。又次则岩顶选芽，即至粗叶为大种，气味亦厚，然值皆不廉。降此则洲茶，去岩远而味薄，与水邻则味变，然犹在九曲之前后也。下此则外山茶，近在数十里，远在数百里矣。其伪者则延、建、福、兴、泉各郡，皆有土产。甚至江西隔省，小伪制，过岭混售，所谓愈降愈下也。其制作之时，则有头春、二春、三春之候，而头春胜。又有秋露，白嫩可爱，香亦清冽，气味薄。江浙都门，盛行此种，则以利于耳目。茶之真赝、美善既难辨，故商贾射利之徒，所收只洲茶、外山茶，即伪茶亦兼取。以价廉易售，有终身入山，未到一岩头者。又江浙最重白毫、紫毫、老公眉、莲子心各种。夫岩上太阳所烘，萌芽易长，安得有毫？其有毫者，皆洲茶也。更有'宋树'之名，夫茶树不能百年，安得宋树至今？此皆巧立名目，不足凭也。各岩制法之有名者，则白云岩、天壶峰、金井坑、流香涧诸处。其岩在九曲之左者，如虎啸、城高、更衣各岩，则山向阴，受雨露风日，偏而不全，茶色味亦因以减矣。他如大王峰、天游观、小桃源各处，亦在溪右，皆道人住持宫观，不能洁净，且雇人为之，所以美恶参半也。其制作以紧束为工夫，宽泛则香易散。其辨色，烹时微绿者为上，黄次之，红不堪矣。又茶性淫，不拘食物，并贮即染而真味去，故收藏宜慎。水则清泉为上，天中水次之。《茶经》有一沸、二沸、三沸之烹，过此则老不可用，亦不可不遵也。更尝小种茶，须用小壶、小盏。以壶小则香聚，盏小即可入唇，香流于齿牙而入肺腑矣。余友徐君经曾在岩上，日品小种，据其所述，考其大概如此。"

3. 武夷茶"香、清、甘、活"的品质特点

明清时期，松萝法的引进，武夷茶制作工艺开始更新换代。王复礼《茶说》："茶采而

摊，摊而摊，香气发越即炒，过时、不及皆不可。"摊，摇动之意，即摇青工艺。通过做青，破坏叶缘细胞，促进物质与水分的运送，进行缓慢的有控制的酶性氧化。发酵之工艺，茶叶内物质缓慢地转化与积累，有利于其香气滋味的发展，最后形成馥郁的花果香及绿叶红镶边的品质。做青至适度，便接着炒青。炒青是通过高温抑制酶的活性制止酶促氧化作用。同时通过热化学作用，促进部分多酚类化合物受热加速自动氧化，并散发青气，发展高沸点的香气物质，形成武夷茶独特的品质风味。因此，发酵技术的参与，不仅使得武夷茶性温，还使之品质提升。当时的武夷茶滋味醇厚，香气馥郁，具有丰富性与层次感。类似的鉴评，亦可见清人张泓《滇南忆旧录》的记载：武夷茶之妙，"可烹至六七次，一次则有一次之香，或兰，或桂，或茉莉，或菊香。种种不同，真天下第一灵芽也。"指出了武夷茶具有馥郁的花香，且富有变化。爱新觉罗·弘历（乾隆帝）《冬夜烹茶诗》："就中武夷品最佳，气味清和兼骨鲠……清香至味本天然，咀嚼回甘趣逾永。"指出了武夷茶清香有回甘的特点。梁章钜总结武夷茶品有四等，从低至高，分别是香、清、甘、活，特别说到"活"，"须从舌本辨之，微乎微矣。"这样的品鉴标准，至今还是武夷岩茶佳品的评判圭臬，无论是何种香、何种味，往往可归结为此四个字。

（七）民国时期的评茶

林馥泉《武夷茶之生产制造及运销》第七章岩茶品评："武夷岩茶'臻山川精英秀气所钟，岩谷坑涧所滋，品具岩骨花香之胜'。"武夷岩茶具体的品质从感官因子、物理因子及化学因子多个因子来考量。优良之岩茶制成品，必须具有如下之标准条件：

（1）形状：须质实量重，条索长短适中，紧致稍细，惟水仙香味种，因属大叶种，条索可略粗，形状力求纯净，整齐美观。

（2）色泽：色须呈鲜明之绿褐色，俗称之为宝色，条索之表面，且须呈有蛙皮状之小白点，此为揉捻适宜焙火适度之颜色。

（3）香气：岩茶为半发酵茶，故须具有绿茶之清香，与红茶之熟气，其香气愈强愈佳，失此不能称为佳品。

（4）水色：岩茶水色一般呈深橙黄色，清澈鲜丽，且须能冲泡至第三、四次而水色仍不变淡者为贵。

（5）滋味：岩茶之佳者，入口须有一股浓厚芬芳气味，入口过喉，均感润滑活性，初虽稍有茶素之苦涩味，过后则渐渐生津，岩茶品质之好坏，几全部取决于气味之良劣。

（6）冲次：通常以能冲泡至五次以上，茶之原有气味仍未变淡者为佳。

（7）叶底：良好之茶叶，冲开水后，叶片易展开，且极柔软。叶缘可见银朱色，叶片中央之绿色部分，清澈淡绿，略带黄色，叶脉淡黄。

（八）国内外茶叶审评标准的演变

涉及茶叶感官审评的标准主要有《茶叶感官审评室的基本条件》(GB/T 18797)、《茶叶感官审评术语》(GB/T 14487)、《茶叶感官审评方法》(GB/T 23776)这三个基本的基准要求。随着时代的发展，茶叶制作方法的变革，茶叶的标准亦与时俱进。

1. Black Tea—Vocabulary（ISO 6078：1982）

32个国家同时认同采纳；英文与法文双语发布；以红碎茶为对象、个别术语涉及青茶（乌龙茶）。包含：162个定性描述术语；38个等级名词；6个加工名词；8个贸易词汇。

2. Green Tea—Vocabulary（ISO 18449：2021）

英文发布，以绿茶为对象。141个术语条目；包括：分类8，干茶56（外形40、色泽16），茶汤37（滋味27、汤色10），叶底40（形态16、香气24）；含8个同义术语；11个术语应用在不同项目。

3. Tea—Classification of Tea types（ISO 20715：2023）

英文发布，以六大茶类为对象。在我国《茶叶分类》（GB/T 30766—2014）、《茶叶化学分类方法》（GB/T 35825—2018）的基础上，联合来自印度、英国等国的茶叶技术专家共同协商制定，标志着我国六大茶类分类体系正式成为国际共识。

4.《茶叶感官审评术语》（GB/T 14487—1993）

中文发布，含术语英文翻译名称；涉及六大茶类，包括花茶、压制茶等再加工产品。包含：319个定性描述术语（含同义词）；22个名称词汇；17个程度描述虚词。

5.《茶叶感官审评术语》（GB/T 14487—2008）

中文发布，含术语英文翻译名称；增加了乌龙茶术语；增加了品质弊病表现术语；引用SB/T 10034茶叶加工技术术语。包含：417个定性描述术语（含同义词）；17个名称词汇；17个程度描述虚词。

6.《茶叶感官审评术语》（GB/T 14487—2017）

中文发布，含术语英文翻译名称；增加了六堡茶等黑茶术语；增加了紧压乌龙茶、紧压白茶术语；将紧压茶术语单列。包含：421个定性描述术语（含同义词）；22个名称词汇；17个程度描述虚词。茶叶感官审评术语删去：纯厚、醇滑、粗、单张、和淡、红边、红黄、红汤、黄黑、珲白色、火味、卷缩、蝌蚪形、苦臭味、闷馊味、嫩爽、青粗气、清淡、熟味、水味、酸气、馊气、鲜薄、鲜明、圆浑。茶叶感官审评术语增加：扁平四方体、槟榔香、饼面黄褐带细毫尖、饼面深褐带黄片、饼面银白、糙米色、陈厚、丛韵、粗青气、淡水味、堆味、多毫、凤羽形、甘滑、毫味、红镶边、厚、滑、浑圆、金镶玉、兰花形、毛衣、蜜黄、披毫、祁门香、浅绿、雀舌、鲜绿豆色、折皱片、紫红。

7.《茶叶感官审评室的基本条件》（GB/T 18797—2002）

中文发布。本标准规定了茶叶感官审评室的基本要求、布局和建立。本标准适用于审评各类茶叶的感官审评室。

8.《茶叶感官审评方法》（GB/T 23776—2009）

中文发布。本标准规定了茶叶感官审评的条件、方法及审评结果与判定。本标准适用于各类茶叶感官审评。

9.《茶叶感官审评方法》（GB/T 23776—2018）

中文发布。本标准按照GB/T 1.1—2009给出的规则起草。本标准代替GB/T 23776—

2009。与 GB/T 23776—2009 相比，除编辑性修改外主要技术变化如下：修改为应符合 GB/T 18797 的规定。修改了毛茶、成品茶与乌龙茶审评杯碗的尺寸，增加了附录 A（资料性附录）评茶标准杯碗形状与尺寸示意图。修改用于外形审评的茶样数量，由原来的 200—300 g 修改为 100—200 g。将茶汤制备方法中的"c"黑茶与紧压茶修改为"5.3.2.3 黑茶（散茶）和 5.3.2.4 紧压茶"。修改了"表 2 各类成品茶品质审评因子"中的紧压茶与袋泡茶审评因子，将紧压茶与袋泡茶的整碎、袋泡茶的色泽品质审评因子删除。

将紧压茶的外形、汤色、香气、滋味和叶底的评分权数"25%、10%、25%、30%、10%"修改为"20%、10%、30%、35%、5%"。删除了"名优绿茶""普通（大众）绿茶"，改为"绿茶"。修改了原附录 A（资料性附录）中的部分术语，并将附录 A 修改为附录 B。

10.《中国茶叶风味轮》(T/C TSS 58—2022)

中文发布。茶叶感官风味轮指的是：将茶叶感官属性经过系统地归类后，形成的具有特定结构和层次的图形化术语集合，包括颜色轮、香气轮、滋味轮及总风味轮。

近现代以来，结合传统的品鉴经验与茶叶质量管理要求，逐渐凝练出专门的茶叶感官术语对品质进行描述。但传统的感官术语虽然在专家和行业内有一定的应用，和消费者之间却缺乏有效的连接。风味轮是一种简洁明了的图形化术语框架结构，将人类感知到的感官特征进行系统归类，最终以轮盘的形式进行展现，它包含的具体感官属性可以理解为感觉的最小单元。有了风味轮就可以对茶叶中丰富多彩的感官品质进行系统地梳理。目前白酒、红酒、啤酒、咖啡等饮品，均建立了风味轮。2019 年，中国农业科学院茶叶研究所、农业农村部茶叶质量监督检验测试中心、中国茶叶学会通过对中国茶叶感官术语的系统整理。并结合茶叶感官审评实际经验，基于中国茶叶感官审评术语基元语素构建了中国茶叶风味轮。茶叶感官属性：可被感官感知的茶叶品质特性。茶叶感官基元语素：为含义单一、不具有内部结构的单字（词）型术语，包括名词、形容词、动词、副词 4 种类型。

（1）中国茶叶颜色轮（图 1-1）。茶叶颜色轮分为二级结构：一级结构为主色调，包括白色、灰色、绿色、黄色、红色、紫色、褐色、黑色 8 种；二级结构为颜色属性，由主色调经辅助色调修饰后形成，共有 48 种。

（2）中国茶叶滋味轮（图 1-2）。茶叶滋味轮分为三级结构。一级结构是滋味味型，包括浓度味型、基本味型、感觉味型三个子类：①浓度味型是茶汤滋味的浓度表现，即口腔及味蕾刺激性，依据从传统术语中凝练而成的基元语素分为淡、和、醇、浓、烈/强 5 种类型；

图 1-1　茶叶感官颜色轮（2023 版）
（中国农业科学院茶叶研究所、中国茶叶学会、农业农村部茶叶质量监督检验测试中心、浙江大学、福建农林大学中国标准化研究院、湖南农业大学、安徽农业大学、云南农业大学、中国茶叶股份有限公司联合发布）

②特征味型是味蕾感受到的基本味，属于化学感觉，包括鲜、酸、甘/甜、苦4种；③感受味型是口腔及味蕾感受到的物理刺激，属于物理感觉，可分为厚、薄、滑、糙、爽、涩、干、麻8种。二级结构是三种味型包括的滋味属性，共有17种。三级结构是滋味属性喜好趋势，最外层"+"、"一"、"○"分别表示消费者正向喜好，负向喜好和中性喜好（下同）。

（3）中国茶叶香气轮（图1-3）。茶叶香气轮分为四级结构：一级结构是香气呈现类型，分为草本类、花香类、果香类、荤食类、熟化类、火功类、烟气类、外源类、仓储类、陈化类、其他类11类；二级结构是香气形成原因，包括嫩度、品种、工艺、地

图1-2 茶叶感官滋味轮（2023版）
（中国农业科学院茶叶研究所、中国茶叶学会、农业农村部茶叶质量监督检验测试中心、浙江大学、福建农林大学中国标准化研究院、湖南农业大学、安徽农业大学、云南农业大学、中国茶叶股份有限公司联合发布）

图1-3 中国茶叶香气轮
（中国农业科学院茶叶研究所、中国茶叶学会、农业农村部茶叶质量监督检验测试中心、浙江大学、福建农林大学中国标准化研究院、湖南农业大学、安徽农业大学、云南农业大学、中国茶叶股份有限公司联合发布）

域、树龄、存放6种单独类型及其交互作用类型；三级结构是香气属性，共有90种；四级结构是香气属性喜好趋势。

（4）中国茶叶风味轮（图1-4）。在中国茶叶颜色、滋味和香气轮的基础上，进一步绘制了中国茶叶风味轮。茶叶风味轮共包括48种颜色属性，17种滋味属性，90种香气属性，合计155种属性。该风味轮的构建基于中国茶叶感官审评术语基元语素，为茶叶感官特征的定性定量研究提供了较为全面和系统的描述语体系。

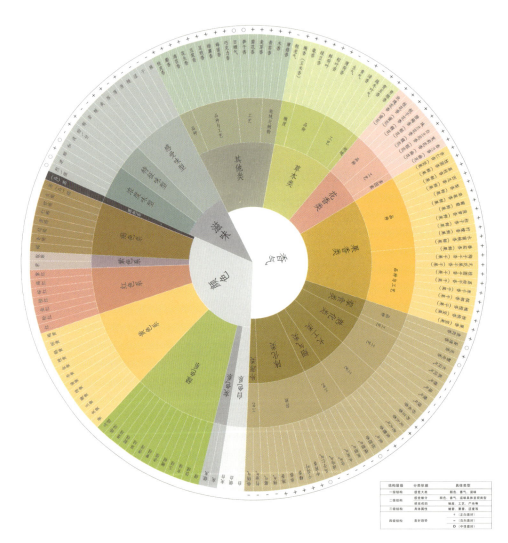

图1-4　茶叶感官风味轮（2023版）
（中国农业科学院茶叶研究所、中国茶叶学会、农业农村部茶叶质量监督检验测试中心、浙江大学、福建农林大学、中国标准化研究院、湖南农业大学、安徽农业大学、云南农业大学、中国茶叶股份有限公司联合发布）

（5）黄大茶风味轮（图1-5）。安徽农业大学戴前颖等依据GB/T 16861—1997《感官分析　通过多元分析方法鉴定和选择用于建立感官剖面的描述词》（GB/T 16861—1997）和定量描述分析研究黄大茶的感官风味特征。由评价小组自由产生描述词，初步得到110个描述词，通过删除快感术语、定量术语、近义术语等，并结合M值法和相关性分析对描述词进行删减、合并，最终整理得到27个描述词汇，以嗅觉和味觉为一级术语，香气、风味、基本味道、口感为二级术语，27个具体描述词为三级术语，绘制出黄大茶的风味轮，并对18种典型风味属性描述词设置了定量参比样，最终建立含有不同强度参比样的黄大茶感官描述词汇表，从而实现了黄大茶定性和定量的感官评审。

图1—5 黄大茶风味轮

（资料来源：戴前颖、叶颖君、安琪. 黄大茶感官特征定量描述与风味轮构建[J]. 茶叶科学，2021（4）：535—544.）

11. 小结

在漫长的中国茶叶历史长河中，茶叶从食用、药用转为日常饮用，成为寻常人家开门七件事之一。随着制法工艺的改进与成熟，茶叶从较为单一的口感，发展到具有丰富的滋味、香气层次，历代茶人见证了这个发展过程，并将此诉诸文字。如今，茶叶为更多人接受与喜爱，让人们的生活变得更加美好。不同的茶区、丰富的茶类、工艺的独特，冲泡法的差异，皆影响人们对茶的品鉴。茶的鉴评语言的体系将更加规范，描述文字的维度也会更为丰富。

（1）现代茶叶感官审评术语基本要求如下：①单名单义性：在创立新术语之前应先检查有无同义词。②顾名思义性：能准确扼要地表达定义的要旨。③简明性：尽可能简明，以提高效率。④派生性：基本术语越简短，构词能力越强。⑤稳定性：使用频率较高、范围较广，已经约定俗成的术语，没有重要原因，即使是有不理想之处，也不宜轻易变更。⑥合乎习惯性：术语要符合语言习惯，用字遣词，务求不引起歧义，不要带有褒贬等感情色彩的意蕴。

（2）茶叶感官审评术语的特点如下：①"定性"描述。以简练的词语代表特定品质表现乃至生产状况。如评语"全芽"，所代表的意思为外形细嫩且匀整洁净。茶叶国际标准评语"body"代表身骨重实。③少数评语内容较单一，而部分评语包含的内容较多，涉及品质的多个方面（可在多个审评项目中使用）。④不同茶（类）的相似品质表现，可能代表不同的品质含义。

（3）茶叶审评术语实际应用情况：①审评术语的含义（程度定位）是有变化的。②由于产品的多样性和对特色的追求，新的特征会继续出现，术语的内涵必然增加；③术语讲求简练，但修饰性描述一直存在；④在术语的使用中，尺度的统一性亟待提高。⑤文化背景的不同。翻译的术语不能一一对应。如茶叶国际标准评语"point"代表良好品质的关键点。⑥术语定量化含义的制约较大。

（4）茶叶感官审评术语辨析：①外形术语辨析如下：毫毛由少到多为，带毫—显毫—多毫—披毫。颜色由浅到深为，象牙色—香蕉色—砂绿—鳝鱼皮色—褐润—乌褐。条形与嫩度由紧到松为，细紧—紧结—紧实—粗实—粗松。圆形由紧到松为，细圆—圆结—圆实—粗圆。②汤色术语辨析如下：特别要注意辨析复合色，如黄与绿的复合色，黄绿与绿黄，关键色落在后面这个字，黄绿代表绿中透着一点黄，绿黄代表黄为主色调透着一点绿，故此复合色由绿到黄的顺序为，绿—黄绿—黄—绿黄。"绿"汤色由浅至深为，浅亮—浅绿—嫩绿—碧绿。"黄"汤色由浅至深为，浅黄—嫩黄—杏黄—黄绿—黄—深黄—黄暗。乌龙茶的汤色类型为，碧绿—蜜绿—清黄—金黄—茶油色—橙黄—橙红。③香气术语辨析如下：香气的浓度与持久度的辨析为，"高"与"长"。烘炒处理度对香气的影响为，生青—清香—嫩香—轻火—中火—重火或高火—老火—焦气。不同茶类的应用不同为，同样"陈"的感受在黑茶中表述为"陈香"，而绿茶表述为"陈气"。④滋味术语辨析如下：大叶种茶的浓度由强到弱为，浓烈—浓厚—浓爽—浓醇。滋味由浓到淡为，醇厚—醇爽—醇正—醇和—平和—淡薄。"鲜"与"甘"，有类似性，甘为鲜美的味道，与"甜"有区别。⑤专用术语与通用术语的辨析："纯"与"醇"。纯可以用在香气与滋味上，是指茶叶正常无异的品质特征，如果茶叶由于工艺缺陷、存放不当等导致含有各种缺陷香型或者非茶叶香气，则不能用"纯"；"醇"是滋味浓度专用术语，是介于浓和淡之间的一种适中的、刺激性不强的浓度，这种浓度下茶汤的甘、鲜、苦、涩、厚、滑等各个浓度是具有协调性的，从理化的角度说就是一定的物质含量及适当的比例所形成的协调的口腔感受。⑥茶叶审评副词（虚词）辨析如下：关于程度的副词由不明显到明显——微、稍、略、较、有、显。微的程度最轻，靠近阈值的临界点，稍和略意思相当。

（5）茶叶审评贯穿茶叶工作的始末，能否正确且熟悉地使用茶叶审评术语，是对茶叶感官审评人员最基本的要求，也是茶叶审评的基本的工具，正确的应用有利于指导茶叶的生产，亦指导一线消费市场，有利于茶行业良性的发展。对于茶叶审评术语的几点思考：①需要采取有效的措施，提升术语使用中目光的一致性。②对不同时期新增术语（或含义）的一致认同和确定方式有待明确。③术语翻译的文化和习俗背景研究势在必行。④定性的术语的量化评分研究有待深入。

二、茶叶审评的定义与作用

（一）茶叶感官审评的定义

茶叶感官审评（sensory evaluation of tea），又称茶叶品质评价，即审评人员运用正常的视觉、嗅觉、味觉、触觉等感官辨别能力，以定器定量的国标方法，对茶叶的外形、汤色、香气、滋味和叶底等品质因子进行综合分析和科学全面评价的过程。茶叶感官审评实质上是对茶叶品质边界的一种探索。

（二）茶叶审评的作用

茶叶审评在茶叶栽培、加工、研发、贸易及商检中进行品质鉴定与管制作用的发挥，能保证和提高茶叶的品质，且能对消费者起到正确的引导，这对于茶叶学科的进步和发展有重要意义。

（1）对茶叶加工工艺的指导作用。茶叶审评师通过对具体的茶样的审评，能分析茶叶的加工过程的某个环节可能存在的问题，将问题反馈给茶叶加工人员，进而完善加工工艺，提升茶叶品质。如，在一些斗茶赛活动中，专业的评茶师通过评选排序，结果公布，可反馈到制茶师，从而有利于优化制茶工艺技术，提升茶叶品质。

（2）对茶叶贸易过程的品控作用。茶叶审评师通过对茶叶原料的审评，决定是否要收购，能否用于具体产品的拼配，根据不同销区的特点进行产品设计。茶叶审评师在产品定等、定级、定价方面起到重要的作用。

（3）对茶叶科研成果的评定作用。在茶的科研领域，不同的科研成果的茶产品需要评茶师的审评评价，进而有利于评价科研的成果。

（4）对消费者的正确引导作用。消费者通过了解审评师对茶叶产品客观的评价评语，有助于做更好的消费选择。在日常生活中，通过茶叶审评可以客观地了解一款茶的品质好坏优劣，在了解茶叶品质的基础上，亦可以更好地冲泡好一杯适口的茶。

三、茶叶感官审评室的基本要求与审评规范流程

（一）茶叶感官审评的基本要求

建立科学合理的审评室是评茶的基本条件，评茶室内的评茶设备要求有严格的规范，规范的设备才能保证评茶结果的准确性。审评室除必要的审评设备外，评茶室陈设宜简洁、

适用（表1-1、图1-6）。根据《茶叶感官审评室的基本条件》（GB/T 18797—2012）科学合理的茶叶感官审评室，具体要求如下：

1. 地点

茶叶感官审评室应建立在地势干燥、环境清静、窗口面无高层建筑及杂物阻挡，无反射光，周围无异气污染的地区。

2. 室内环境

茶叶感官审评室内应空气清新、无异味、温湿度适宜，室内安静、整洁、明亮。

3. 审评室布局

（1）进行感官审评工作的审评室。

（2）用于制备和存放评审样品及标准样的样品室。

（3）办公室。

（4）如有条件可在审评室附近建立休息室、盥洗室和更衣室。

4. 审评室建立要求

（1）朝向：宜坐南朝北，北向开窗。

（2）大小：按照评茶人数与工作需求而定，茶叶审评室一般不小于10 m²。

（3）室内色调：墙壁和天花板应是白色或接近白色，地面为浅灰色或深灰色。

（4）气味：应无异味，注意清洁，避免与生化分析室、食堂、卫生间等异味场所太近。室内应禁止吸烟、香水、浓妆等。

（5）噪声：评茶期间应小于50分贝，应远离歌厅、闹市。

（6）采光：分自然光与人造光。

① 自然光（光线与朝向）：室内光线应柔和、明亮，无阳光直射、无杂色反射光。利用室外自然光时，前方应无遮挡物、玻璃墙及涂有鲜艳色彩的反射物。开窗面积大，使用无色透明玻璃，并保持洁净。有条件的可采用北向斗式采光窗，采光窗高2 m，斜度30度，半壁涂以无反射光的黑色油漆；顶部镶以无色透明平板玻璃，向外倾斜3—5度。应坐南朝北，北向开窗，北面可避免直射阳光，遮光板光线柔和。

② 人造光：当室内自然光线不足时，应有可调控的人造光源进行辅助照明。可在干、湿看台上方悬挂一组标准昼光灯管，应使光线均匀、柔和、无投影。也可使用箱型台式人造昼光标准光源观察箱，箱顶部悬挂标准昼光灯管（二管或四管），箱内涂以灰黑色或浅灰色。灯管色温宜为5 000 K—6 000 K，使用人造光源时应防自然光线干扰。

（7）温湿度：室内温湿度应适宜。温度15—27℃，需配备空调。相对湿度70%左右，保持干燥。

5. 设施用具

审评室内设施和用具要齐全，包括干评台、湿评台、审评杯碗、茶样秤、审评盘等。

表1-1 茶叶感官审评室的研究与设计（GB/T 18797—2012）

茶叶感官审评室示意图	样品制备区 / 审评室 / 干评台 / 湿评台 / 休息区 / 冰箱 / 样品室 / 集体工作区 / 办公室（↑N，窗户）		
设备配置	1. 评茶室：审评设备应配备干评台、湿评台、各类茶审评用具等基本设施；室内应配备温度计、湿度计、空调机、去湿机及通风装置，使室内的温度、湿度得以控制。应配备水池、毛巾，方便审评人员评茶前的清洗及审评后杯碗等器具的洗涤 2. 样品室：，但应与其隔开，以防相互干扰。室内应整洁、干燥、无异味。门窗应挂暗帘，室内温度宜20℃，相对湿度宜50%。放置样品架及茶样桶（箱）；温度计、湿度计、空调机和去湿机；配置冷柜或冰箱，用于实物标准样及参考样的低温贮存；制备样品必要设备：工作台、分样器（板）、分样盘、天平、茶罐等 3. 照明设施和防火设施应符合防火要求，并定时检修	主要技术参数	
		朝向	宜坐南朝北
		室内色调	墙壁：乳白色或接近白色；天花板：白色或接近白色；地面：浅灰色或较深灰色
		照明照度	干评台约1 000 Lx 湿评台不低于750 Lx
说明	1. 外部环境条件：审评室应建立在地势干燥、环境清净、北向无高层建筑及杂物阻挡，无反射光，周围无异气污染的地区 2. 内部环境条件：室内空气清新、无异味、温度和湿度应适宜、安静、整洁，光线柔和、明亮、无阳光直射，无杂色反射光	温湿度	温度：15—27℃ 相对湿度：70%左右
		噪声	< 50 dB
		面积	不小于10 m²

图1-6 茶叶感官审评室

（二）茶叶审评室的基本设备

1. 干评台

评茶室内靠窗口设置干评台，用以放置样茶罐、样茶盘，用以审评茶叶外形的形态与色泽。干评台的高度一般为 80—90 cm，宽 60—75 cm，长短视审评室及具体需要而定，台面哑光黑色，台下设置样茶柜。

2. 湿评台

用于放置审评杯碗，用于开汤评审茶叶内质，包括评审茶叶的香气、汤色、滋味和叶底。湿平台高度一般为 75—80 cm，宽 45—50 cm，湿评台长度视实际情况而定，一般 140 cm，台面镶边高 5 cm，台面亚光白色，台面一端应留一缺口，以利于台面茶水流出和清扫台面。湿评台设置在干评台后面。

3. 样茶柜

审评室要配置适量的样茶柜或样茶架，用以存放样茶罐，柜架漆成白色。

4. 审评盘

审评盘亦称样茶盘或样盘，是审评茶叶外形用的。用木板或胶合板制成。正方形，外边长 23 cm，边高 3.3 cm，漆成白色，无异味。盘的左上方开一缺口，便于倾倒茶叶，缺口呈倒梯形，缺口上方 5 cm，缺口下方 3 cm。审评毛茶一般采用篾制圆形样匾，直径为 50 cm，边高 4 cm。

5. 评茶标准杯碗

用来泡茶和审评茶叶香气，瓷质纯白。

（1）精制茶（成品茶）审评杯呈圆柱形，高 66 mm，外径 67 mm，容量 150 mL，见图 1-7。杯盖上有一小孔，杯盖上面外径 76 mm。与杯柄相对的杯口上缘有三个呈锯齿形的滤茶口，口中心深 3 mm，宽 2.5 mm。使杯盖横搁在审评碗上，从锯齿间滤出茶汁。与柱形杯配套的碗，高 56 mm，上口外径 95 mm，容量 240 mL，见图 1-8。

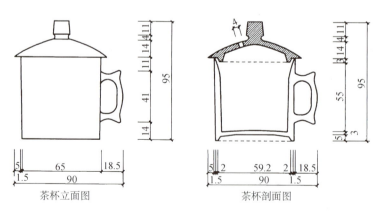

图 1-7　柱形杯（150 mL）

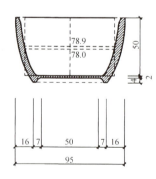

图 1-8　茶碗 240 mL

（2）乌龙茶审评杯呈倒钟形，高 52 mm，上口外径 83 mm，容量 110 mL，见图 1-9。杯盖外径 72 mm。配套的碗高 51 mm，上口外径 95 mm，容量 160 mL，见图 1-10。

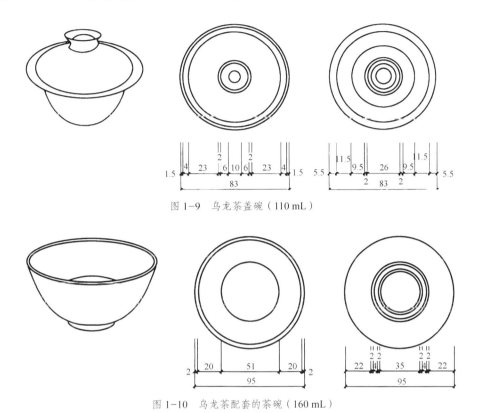

图 1-9　乌龙茶盖碗（110 mL）

图 1-10　乌龙茶配套的茶碗（160 mL）

6. 叶底盘

审评叶底用，分黑色叶底盘和白色搪瓷盘两种，黑色叶底盘为正方形，边长 10 cm，边高 1.5 cm，供审评精制茶用。搪瓷盘为长方形，外径长 23 cm，宽 17 cm，边高 3 cm，一般供审初制茶叶底用，也用于审评精制茶乌龙茶的叶底，可盛清水漂看叶底。

7. 称量用具

用于量取茶样。天平，感量 0.1 g。

8. 计时器

用于计时。定时钟或特制砂时计，感量到秒。

9. 其他用具

（1）网匙。不锈钢网制半圆形小勺子，用以捞取审茶碗中的茶渣碎片。
（2）茶匙。不锈钢或瓷制，容量约 10 mL，用以取汤评审滋味用。
（3）品茗杯。用于品茗。
（4）烧水壶。普通电热水壶，食品级不锈钢，容量一般在 1—2 L。
（5）茶筒。审评时用以装盛清扫的茶汤叶底。

（三）茶叶审评的基本程序

茶叶感官审评主要分为干评与湿评两个部分，干评外形（形状、色泽、匀度、净度），湿评内质（汤色、香气、滋味、叶底），即评五项八因子。茶叶审评程序通常包括五个阶段，即把盘取样、干评外形、茶汤制备、湿评内质及审评结果综合判定。审评流程详见图1-11至图1-27。评茶与茶艺有区别。茶艺是一种泡茶与品茗的艺术，可以理解为如何泡好一杯茶与如何享受一杯茶，是一种技艺、更是一种精神享受。茶艺，需呈现茶叶完美一面。茶叶审评，需评出茶的好坏优劣。要泡好一杯茶，学好评茶是关键。茶艺师布席现场见图1-28。

图1-11 把盘

图1-12 干评外形

图1-13 扦样

图1-14 称量

图1-15 开汤

图1-16 出汤（盖碗）

图1-17 出汤（柱形杯）

图1-18 观汤色

图1-19 嗅香（盖碗法）

图1-20 嗅香（柱形杯）

图1-21 尝滋味

图1-22 评叶底（乌龙茶）

图1-23 评叶底（绿茶）

图1-24 评叶底（通过触觉判断质地柔软度）

图1-25 审评结果现场记录

图1-26 审评结果记录，整理

图1-27 茶叶审评人员在评茶赛现场

图1-28 茶艺师布席现场

1. 茶叶外形审评项目

茶叶外形审评项目包括形状、色泽、匀度、净度。用目测、手感等方法，通过调换位置、反复查看比较外形。扦取开汤用的茶样，要先把盘再取样。一般扦取 3 g 或 5 g，要求一次取够，宁多勿少。把盘是指双手握住茶盘对角，一手要拿住样盘的倒茶小缺口，用回旋筛转法，使盘中茶叶分出上、中、下三层。茶叶外形审评项目详见表1-2。

表1-2 茶叶外形审评项目

形状	形状分为松紧、曲直、圆扁、粗细、长短几种类型，同时要注意观察嫩度
色泽	颜色分为类型、润枯、鲜暗、匀杂等
匀度	外形的匀整度。精茶匀度主要评比各孔茶的拼配比例是否恰当，要求筛档匀称不脱档，面张茶平伏，下盘茶含量不超标，上、中、下三段茶互相衔接
净度	指茶叶中夹杂物的程度，不含夹杂物的为净度好，反之差；茶叶夹杂物分为茶类夹杂物与非茶类夹杂物。茶类夹杂物指茶梗、茶籽、茶朴、茶末、毛衣等；非茶类夹杂物指采制、贮运中混入的杂物，如竹屑、杂草、沙石、棕毛等

2. 茶汤制备

称取样茶 3 g 或 5 g 投入审评杯内，注满沸水（100℃），加盖，计时，到规定时间后，将杯内茶汤滤入审评碗内，留叶底于杯中。具体方法见表 1-3。

表 1-3　各类茶审评方法

茶类	审评法类型	容量（mL），茶量（g）	冲泡次数，时间（min）
绿茶	柱形杯	150，3	一次，4
白茶、红茶、黄茶	柱形杯	150，3	一次，5
青茶	盖碗	110，5	三次，2、3、5
青茶（卷曲型）	柱形杯	150，3	一次，5
青茶（颗粒型）	柱形杯	150，3	一次，6
黑茶（散茶）	柱形杯	150，3	两次，2、5
紧压茶	柱形杯	150，3	两次，2—5、5—8
花茶	柱形杯	150，3	两次，3、5

注：乌龙茶审评法可以用盖碗也可以用柱形杯。

3. 开汤评内质

内质项目包括香气、汤色、滋味、叶底。一般来说，开汤后按香气、汤色、滋味、叶底顺序逐项审评。（评绿茶应先观汤色）

（1）看汤色。用目测法审评茶汤，审评时应注意光线、评茶用具对茶汤审评结果的影响，随时可调换审评碗的位置以减少环境对汤色审评的影响。

看汤色主要看茶汤的色度、亮度、清浊度，见表 1-4。一般来说，茶汤色以明亮为好；若汤色浅薄、暗浊、沉淀物多，则表明茶质较差。但是，红茶的冷后浑与绿茶的毫浑属于正常品质。

表 1-4　看汤色

色度	1. 正常色，六大茶类茶汤该有的颜色 2. 劣变色，如红茶发酵过度，汤深暗 3. 陈变色，绿茶陈茶干茶灰黄或昏暗
亮度	指茶汤光亮程度。一般来说，茶汤亮度与品质正相关
清浊度	指茶汤清澈或混浊程度。"清"指汤色纯净透明，无混杂，清澈见底 "浊"指汤不清，视线不易透过汤层，汤中有沉淀物或细小悬浮物

（2）嗅香气，分柱形杯与盖碗。柱形杯嗅香：一手持杯，一手持盖，靠近鼻孔，半开杯盖，轻嗅或深嗅，每次持续 2—3 秒，反复 1—2 次。盖碗嗅香：拿起盖子，靠近鼻孔，

轻嗅或深嗅。嗅香气应根据审评内容判断香气的质量，嗅香气应以热嗅（杯温约75℃）、温嗅（杯温约45℃）、冷嗅（杯温接近室温）相结合进行。审评茶叶香气最适合的温度是55℃左右。超过65℃时感到烫鼻，低于30℃时茶香低沉，特别对染有烟气木气等异气茶随热气而挥发。

茶叶的香气受茶叶品种、产地、季节、采制方法等因素影响，使得各类茶拥有了各自独特的香气风格。嗅香气，除了辨别香型，还要比较香气的纯异、高低与长短。一般以高锐、鲜爽、浓烈、持久、纯正、无异味为好；如香气淡薄，低沉而带有粗异气味者为次，见表1-5。

表1-5 嗅香气

纯异	"纯"指某茶应有的香气，香气纯要区别三种情况，即茶类香、地域香与附加香 "异"指茶香中夹杂其他气味，如烟焦、酸馊、陈霉、日晒、水闷、青草气等，还有鱼腥气、木气、油气、药气等；茶凡有异气为低劣
类型	1. 茶类香：如绿茶的清香，青茶的花果香，白茶的毫香，红茶的甜香，黄茶的清香与甜香，黑茶的陈香，花茶的复合香 2. 季节香：即不同季节香气之区别，如"春水秋香"说明秋茶具有独特的季节香 3. 地域香：即地方特有的香气，如红茶，祁红具独特的玫瑰花香、川红带有橘糖香；如海拔之区别，高山茶香气一般高于低山茶 4. 附加香：指外源添加的香，如茉莉花茶不仅具有茶香，还引入了茉莉花香
高低	香气高低可以从浓、鲜、清、纯、平、粗来区别 1. "浓"指香气高，有活力 2. "鲜"指有醒脑的爽快感 3. "清"指清爽新鲜之感 4. "纯"指香气一般，无异味 5. "平"指香气平淡 6. "粗"指带老叶的粗辛气
长短	即香气的持久程度 香气以高而长、鲜爽馥郁为好，高而短次之，低而粗为差

（3）尝滋味：用茶匙从审评碗中取一浅匙（5 mL左右）吮入口中，茶汤入口在舌头上循环滚动，使茶汤与舌头各部位充分接触，并感受刺激，随后将茶汤吐入吐茶桶或咽下。审评滋味适宜的茶汤温度为30℃，接近舌温，味觉最为敏感，如温度在50℃以上时感觉会明显地迟钝。不同年龄对呈味物质敏感性也不同，据研究报道，50岁左右味觉开始衰退，甜味约减少1/2，苦味减少1/3，咸味减少1/4，酸味减少不明显。

滋味审评：主要是品其茶汤入嘴后的味道。茶汤的滋味有纯异、浓淡、厚薄、醇涩、鲜陈、爽钝、收敛性程度等。一般茶汤滋味以口感醇厚甘甜为好（不同茶类不同）；而平淡乏味或含有粗涩异味者为次，见表1-6。茶汤滋味与香气密切相关，一般来说滋味好，香气也是好的。香气与滋味可以互相佐证。

表 1-6　尝滋味

纯正	指品质正常的茶应有的滋味，可以区别其浓淡、强弱、鲜爽、醇、和 1. "浓"指浸出的内含物丰富，有厚的感觉。"淡"则相反 2. "强"指茶汤入口后刺激性强。"弱"则相反 3. "鲜爽"指如食新鲜水果的感觉，回甘爽口 4. "醇"指茶味尚浓，回味也爽，但刺激性欠强 5. "和"指茶味平淡正常
不纯正	指滋味不正或变质有异味 1. "苦"是茶汤本身滋味的特点，不能一概而论，如茶汤入口先微苦后回甘，属好茶；先微苦后不苦不甜次之；先微苦后也苦又次之，先微苦后更苦为最差。后两者才属于苦，滋味不正 2. "涩"指似食生柿，有麻醉、厚唇、紧舌感。先有涩感后不涩属于茶汤味的特点，不属于味涩，吐出茶汤仍有涩味才属于涩味。涩味一方面表示品质老杂，另外一方面又是夏秋茶的标志 3. "粗"指粗老茶汤味在舌面感觉粗糙 4. "异"属于滋味不纯正。由于工艺不当或贮藏不当导致的酸、馊、霉、焦等异味

（4）评叶底：精制茶采用黑色叶底盘，毛茶与乌龙茶等采用白色搪瓷叶底盘，操作时应将杯中的茶叶全部倒入叶底盘中，其中白色搪瓷叶底盘中要加入适量清水，让叶底漂浮起来。用目测、手感等方法审评叶底。评叶底主要评嫩度、色泽、匀度。具体见表1-7。

表 1-7　评叶底

嫩度	以芽及嫩叶含量比例和叶质老嫩来衡量。叶质老嫩可从软硬度和有无弹性来区别
色泽	主要看色度和亮度。如绿茶叶底以嫩绿、黄绿、翠绿明亮者为优；深绿较差；暗绿带青张或红梗红叶者次
匀度	主要从老嫩、大小、厚薄、色泽和整碎去看。好的叶底应具有亮、嫩、厚、稍卷等几个或全部因子

（5）审评结果综合判定

评分的形式有独立评分与集体评分两种。独立评分指整个审评过程由一个或若干个评茶员独立完成；集体评分指整个审评过程由三人或三人以上（奇数）评茶员一起完成。参加审评的人员组成一个审评小组，推荐其中一人为主评。审评过程中先由主评评出分数，其他人员再根据品质标准对主评出具的分数进行修改与确认，对观点差异较大的茶进行讨论，最后共同确定分数；如有争论，投票决定，并加注评语。

一般来说名优茶采用非对样审评方法，非对样审评指不是对照某一参比样（实物标准样）来评定茶叶品质，而是被评茶之间比较评定品质优次的一种审评方法。而外贸出口的眉茶、珠茶多采用对样审评法，对样审评指对照某一特定的成交样（实物标准样）来评定茶叶的品质。

非对样审评法的茶叶品质顺序的排列样品应在两个以上，评分前工作人员先对茶样进行分类、密码编号，审评人员在不了解茶样的来源、密码条件下进行盲评。通过评分结合评语来给出结果。评分：是根据审评知识与品质标准，按外形、汤色、香气、滋味和叶底

"五因子"，采用百分制，在公平、公正条件下给每个茶样每项因子进行评分，并加注评语。评语：是根据实物样给出评语，评语应引用 GB/T 14487 的术语。结果计算：茶叶审评总得分，按照 Y=A*a+B*b+C*c+D*d+E*e 计算得出总分。其中 A 代表评茶人员的评分，a 代表系数。各类茶品质因子评分系数见表 1-8。结果评定：根据计算结果审评的名次按分数从高到低的次序排列。如遇分数相同者，则按"滋味→外形→香气→汤色→叶底"的次序比较单一因子得分的高低，高者居前，见表 1-9。

表 1-8　各类茶品质因子评分系数（%）

茶类	外形（a）	汤色（b）	香气（c）	滋味（d）	叶底（e）
名优绿茶	25	10	20	30	10
大宗绿茶	20	10	30	30	10
工夫红茶	25	10	25	30	10
红碎茶	20	10	30	30	10
乌龙茶	20	5	30	35	10
黑散茶	20	15	25	30	10
黑压制茶	25	10	25	30	10
白茶	25	10	25	30	10
黄茶	25	10	25	30	10
花茶	20	5	35	30	10
袋泡茶	10	20	30	30	10
粉茶	10	20	35	35	0

表 1-9　茶叶审评结果记录表

序号	外形（%）		汤色（%）		香气（%）		滋味（%）		叶底（%）		总分
	评语	分	评语	分	评语	分	评语	分	评语	分	
1											
2											
3											

对样审评一般采用七档制评分。详见表 1-10 和表 1-11。

表 1-10 七档制评分说明

七档制	评分	说明
高	3	差异大，明显好于标准样
较高	2	差异较大，好于标准样
稍高	1	仔细辨别才能区分，稍好于标准样
相当	0	标准样或成交样的水平
稍低	−1	仔细辨别才能区分，稍差于标准样
较低	−2	差异较大，差于标准样
低	−3	差异大，明显差于标准样

表 1-11 某茶样的对样审评结果

茶样	形状	色泽	匀度	净度	汤色	香气	滋味	叶底	总分	判定结果
样品 1	0	1	0	−1	1	1	0	−1	1	合格
样品 2	−1	0	0	1	0	−2	−1	0	−3	不合格
样品 3	0	0	0	−3	0	0	0	0	−3	不合格

判定标准：总得分结果为 ±3 分者为不合格（如：样品二），需做升级或降级处理。任何单一品质审评因子低、评分为 −3 分者为不合格（如：样品三）。0、±1、±2 分为相符、稍高（低）、较高（低）判为合格（如：样品一）。

四、茶叶感官审评的生理学基础

（一）感觉受体

人类认识事物或人体自身的活动离不开感觉器官。人的感觉器官也称感觉受体，按其所接受外界信息的刺激性质分为三类，分别是机械能受体（有听觉、触觉、压觉和平衡感觉等），辐射能受体（有视觉、冷和热觉受体等），化学能受体（有嗅觉、味觉和一般化学感觉等）。各种感觉器官接受不同性质的能量刺激，就产生了相应的感觉。如茶入口前后对人的视觉、味觉、嗅觉和触觉等器官的刺激，引起人对它的综合印象，这种印象即构成了茶的风味。具体见表 1-12。

表 1-12 茶的风味

感觉器官	刺激类型	感觉性质	品质评定
视觉	辐射能	色泽、形态	风味
嗅觉	化学能	香	风味
味觉	化学能	味	风味
触觉	机械能	触觉、质地	风味

（二）感觉基本规律

感觉有几种基本规律，分别是适应现象，对比现象，协同效应等。

（1）适应现象是指感觉受体在同一刺激物或能量的持续或重复作用下，感觉的敏感性发生变化的现象。如"入芝兰之室，久而不闻其香"就是一种嗅觉适应现象。吃第二块糖总觉不如第一块糖甜，是味觉适应现象。评茶时，应注意室内空气流通。评茶过程要安排休息时间，品饮不同类茶间歇时宜品清水以减少适应现象对评茶所产生的误差。

（2）对比现象是指当两种刺激物同时或连续作用于同一感觉器官时，由于一种刺激物的存在，使另一种刺激物刺激作用增强的现象。在品评几种不同类型的茶叶时，每品尝一种茶汤前宜先品一口清水，以减少对比现象的影响。而在调味或调香时，可以利用这种对比现象以增强效果。

（3）协同效应是指两种以上刺激的综合效应，使感觉效果超过各自刺激的感觉叠加水平。茶叶的苦味与涩味总是相伴而生，而协同作用则主导了茶叶的呈味特性，当苦的咖啡碱（咖啡因）与苦涩的儿茶素形成氢键，氢键络合物味感觉就不同于两者，而是相对增强了茶汤的醇度与鲜爽度，减轻了苦味与涩味。所以人们在品茶的时候并不会觉得苦味主导了茶的风味，而苦后回甘恰是构成茶的经典风味。

（三）六根六识理论在茶叶审评上的应用

佛教六根六识的认知理论在茶叶审评方面有具体的应用。六根指眼，鼻，耳，舌，身，意。眼有视神经，耳有听神经，鼻有嗅神经，舌有味神经，身有感触神经，意有脑神经。从心与物的媒介功能上说，称为六根。六尘指声，色，香，味，触，法。眼见颜色和形状，耳听声音，鼻嗅其香，舌尝味道，身根所触的粗细冷热与湿滑等（如触摸茶的叶底感受软硬度），意根思想的称为法（指极微极远的无从捉摸的东西）。从六根接触六尘而产生的判别力与记忆力上说，称为六识。日常生活中我们如何感受茶叶的风味？通常来说，茶叶感官审评注重茶叶的色、香、味、形，通过规范的审评操作流程，审评人员眼观茶色（干茶色、汤色、叶底色），鼻嗅茶香（热嗅、温嗅、冷嗅），耳听声音（听干茶摇动的声音），嘴尝滋味（茶汤），手触叶底（叶底的柔软度），最后给茶做综合评价。在整个品味的过程中，各种感官不是独立工作的，它们相互影响，视觉影响听觉，听觉影响触觉，触觉影响味觉，共同调节出我们对茶味道的总体印象,这种现象叫交叉模态。比如说我们品味武夷岩茶,会有唇齿留香的感觉,也叫"岩韵"。这就是味觉与鼻后嗅觉共同产生的感觉。鼻后嗅觉是吞咽动作把芳香分子从口腔后部挤压到鼻子后部形成的。鲁迅先生在《喝茶》里说"有好茶喝,会喝好茶,是一种'清福'。不过要享这'清福',首先就须有工夫,其次是练习出来的特别的感觉。"这便是六根六识的认知理论在评茶中的具体应用。

五、茶叶感官审评的学习技巧

感觉的灵敏性因人而异,主要有先天与后天两个方面的因素。一般来说,评茶师或评酒师的感官会比普通人灵敏,主要是因为后天训练得多,而人的感官是可以被强化训练而变得更加灵敏。如武侠剧中所描述的视力障碍者的耳朵比常人灵敏,是因为眼睛看不见,耳朵自然就训练得多。要学好审评,除了要平时训练得多,还要把握以下几个学习要点:

①加强身体锻炼与良好习惯的养成,降低感觉阈值;②掌握茶树栽培育种学、茶叶加工学、茶叶生物化学、茶叶机械、茶艺、市场贸易等课程的基本理论,为茶叶审评课程打下基础;③了解学科发展动向及时补充学习新知识,深入市场,加深、巩固学习内容;④参加斗茶赛、茶会等茶事活动,多喝茶、多对比、多请教有经验的茶师、强化锻炼;⑤把茶叶感官审评结果与理化测定结合在一起去体验与分析,如滋味的浓、强、鲜与茶多酚及茶氨酸含量高低、品种、茶类之间的关系;⑥在生活中学会捕捉一些自然香味的气息,与茶类相关联,提高茶叶审评的记忆能力。如:武夷岩茶肉桂的品质特点与水蜜桃香、桂皮香、奶香及桂花香等的关联想象。⑦在审评不同类型的茶时有不同的侧重点。如审评识别六大茶类的分类,要特别注意观察颜色;审评识别乌龙茶,要特别注意分辨品种类型;审评识别红茶、白茶、黄茶、绿茶、黑茶,要特别注意分清茶叶嫩度与产区等。

六、评茶术语

评茶术语是记述茶叶品质感官审评结果的专业性用语,简称评语。

评语有等级评语和对样评语之分。等级评语:反映各级茶的品质要求,具有明显的级差。可参见附录不同茶类的不同等级的评语规范。对样评语:评比样对照标准样而记述的评语,指出评比样的相关因子高于或低于对照样,与标准样相符的用"相符"或"√"。

评语有褒贬之分,一类表示产品品质优点,如评语为绿润、细嫩、鲜爽、醇厚、明亮、柔软;另一类表示产品品质差,如评语为干枯、粗、平淡、暗、硬等。

评语分为通用评语与专用评语。通用评语在多类茶中通用。专用评语因茶类、审评因子(外形、汤色、香气、滋味、叶底)等而不同,如"清香"用于绿茶而不适合红茶。

根据《茶叶感官审评术语》(GB/T 14487—2017),茶类通用的评语如下:

（一）干茶形状

（1）显毫：有茸毛的茶条比例高。

（2）多毫：有茸毛的茶条比例较高，程度比显毫低。

（3）披毫：茶条布满茸毛。

（4）锋苗：叶细嫩，紧结有锐度。

（5）身骨：茶条轻重，也指单位体积的重量。

（6）重实：身骨重，茶在手中有沉重感。

（7）轻飘：身骨轻，茶在手中分量很轻。

（8）匀整（匀齐、匀称）：上、中、下三段茶的粗细、长短、大小较一致，比例适当，无脱档现象。

（9）匀净：匀齐而洁净，不含梗朴及其他夹杂物。

（10）脱档：上、下段茶多，中段茶少；或上段茶少，下段茶多。三段茶比例不当。

（11）挺直：茶条不曲不弯。

（12）弯曲、钩曲：不直，呈钩状或弓状。

（13）平伏：茶叶在盘中相互紧贴，无松起架空现象。

（14）细紧：茶叶细嫩，条索细长紧卷而完整，锋苗好。

（15）紧秀：茶叶细嫩，紧细秀长，显锋苗。

（16）挺秀：茶叶细嫩，造型好，挺直秀气尖削。

（17）紧结：茶条卷紧而重实。紧压茶压制密度高。

（18）紧直：茶条卷紧而直。

（19）紧实：茶条卷紧，身骨较重实。紧压茶压制密度适度。

（20）肥壮、硕壮：芽叶肥嫩，身骨重实。

（21）壮实：尚肥大，身骨较重实。

（22）粗实：茶叶嫩度较差，形粗大尚结实。

（23）粗壮：条粗大而壮实。

（24）粗松：嫩度差，形状粗大而松散。

（25）松条：松泡 茶条卷紧度较差。

（26）卷曲：茶条紧卷呈螺旋状或环状。

（27）盘花：先将茶叶加工揉捻成条形，再炒制成圆形或椭圆形的颗粒。

（28）细圆：颗粒细小圆紧，嫩度好，身骨重实。

（29）圆结：颗粒圆而紧结，身骨重实。

（30）圆整：颗粒圆而整齐。

（31）圆实：颗粒圆而稍大，身骨较重实。

（32）粗圆：茶叶嫩度较差，颗粒稍粗大尚成圆。

（33）粗扁：茶叶嫩度差，颗粒粗松带扁。

（34）团块：颗粒大如蚕豆或荔枝核，多数为嫩芽叶黏结而成，为条形茶或圆形茶中加工有缺陷的干茶外形。

（35）扁块：结成扁圆形或不规则圆形带扁的团块。

（36）圆直、浑直：茶条圆浑而挺直。

（37）浑圆：茶条圆而紧结一致。

（38）扁平：扁形茶外形扁坦平直。

（39）扁直：扁平挺直。

（40）松扁：茶条不紧而呈平扁状。

（41）扁条：条形扁，欠浑圆。

（42）肥直：芽头肥壮挺直。

（43）粗大：比正常规格大的茶。

（44）细小：比正常规格小的茶。

（45）短钝、短秃：茶条折断，无锋苗。

（46）短碎：面张条短，下段茶多，欠匀整。

（47）松碎：条松而短碎。

（48）下脚重：下段中最小的筛号茶过多。

（49）爆点：干茶上的突起泡点。

（50）破口：折、切断口痕迹显露。

（51）老嫩不匀：成熟叶与嫩叶混杂，条形与嫩度、叶色不一致。

（二）干茶色泽

（1）油润：鲜活，光泽好。

（2）光洁：茶条表面平洁，尚油润发亮。

（3）枯燥：干枯，无光泽。

（4）枯暗：枯燥，反光差。

（5）枯红：色红而枯燥。

（6）调匀：叶色均匀一致。

（7）花杂：叶色不一，形状不一或多梗、朴等茶类夹杂物。

（8）翠绿：绿中显青翠。

（9）嫩黄：金黄中泛出嫩白色，为白化叶类茶、黄茶等干茶、汤色和叶底特有色泽。

（10）黄绿：以绿为主，绿中带黄。

（11）绿黄：以黄为主，黄中泛绿。

（12）灰绿：叶面色泽绿而稍带灰白色。

（13）墨绿（乌绿、苍绿）：色泽浓绿泛乌有光泽。

（14）暗绿：色泽绿而发暗，无光泽，品质次于乌绿。

（15）绿褐：褐中带绿。

（16）青褐：褐中带青。

（17）黄褐：褐中带黄。

（18）灰褐：色褐带灰。

（19）棕褐：褐中带棕。常用于康砖、金尖茶的干茶和叶底色泽。乌中带褐，有光泽。

（20）褐黑：乌黑而油润。

（21）乌润：乌黑而油润。

（三）汤色

（1）清澈：清净，透明，光亮。

（2）浑浊：茶汤中有大量悬浮物，透明度差。

（3）沉淀物：茶汤中沉于碗底的物质。

（4）明亮：清净反光强。

（5）暗：反光弱。

（6）鲜亮：新鲜明亮。

（7）鲜艳：鲜明艳丽，清澈明亮。

（8）深：茶汤颜色深。

（9）浅：茶汤色泽淡。

（10）浅黄：黄色较浅。

（11）杏黄：汤色黄稍带浅绿。

（12）深黄：黄色较深。

（13）橙黄：黄中微泛红，似橘黄色，有深浅之分。

（14）橙红：红中泛橙色。

（15）深红：红较深。

（16）黄亮：黄而明亮，有深浅之分。

（17）黄暗：色黄反光弱。

（18）红暗：色红反光弱。

（19）青暗：色青反光弱。

（四）香气

（1）高香：茶香优而强烈。

（2）高强：香气高，浓度大，持久。

（3）鲜爽：香气新鲜愉悦。

（4）嫩香：嫩茶所特有的愉悦细腻的香气。

（5）鲜嫩：鲜爽带嫩香。

（6）馥郁：香气幽雅丰富，芬芳持久。

（7）浓郁：香气丰富，芬芳持久。

（8）清香：清新纯净。

（9）清高：清香高而持久。

（10）清鲜：清香鲜爽。

（11）清长：清而纯正并持久的香气。

（12）清：清香纯正。

（13）甜香：香气有甜感。

（14）板栗香：似熟栗子香。

（15）花香：似鲜花的香气，新鲜悦鼻，多为优质乌龙茶、红茶之品种香或乌龙茶做青活度的香气。

（16）花蜜香：花香中带有蜜糖香味。

（17）果香：浓郁的果实熟透的香气。

（18）木香：茶叶粗老或冬茶后期，梗叶木质化，香气中带纤维气味和甜感。

（19）地域香：特殊地域、土质栽培的茶树，其鲜叶加工后会产生特有的香气，如岩韵、音韵、高山韵、祁门香等。

（20）松烟香：带有松脂烟香。如正山小种与沩山毛尖。

（21）陈香：茶质好，保存得当，陈化后具有的愉悦的香气，无杂、霉气。

（22）纯正：茶香纯净正常。

（23）平正：茶香平淡，无异杂气。

（24）香飘：虚香，香浮而不持久。

（25）欠纯：香气夹有其他的异杂气。

（26）足火香：干燥充分，火功饱满。

（27）焦糖香：干燥充足，火功高带有糖香。

（28）高火：茶叶干燥过程中温度高或时间长而产生似锅巴香稍高于正常火功。

（29）老火：茶叶干燥过程中温度过高或时间过长而产生的似烤黄锅巴香，程度重于高火。

（30）焦气：有较重的焦烟气，程度重于老火。

（31）闷气：沉闷不爽。

（32）低：低微，无粗气。

（33）日晒气：茶叶受太阳光照射后带有日光味。

（34）青气：带有青草或青叶气息。

（35）钝浊：滞钝不爽。

（36）青浊气：气味不清爽，多为雨水青、杀青未杀透或做青不当而产生的青气和浊气。

（37）粗气：粗老叶的气息。

（38）粗短气：香短，带粗老气息。

（39）失风：失去正常的香气特征但程度轻于陈气。多由于干燥后茶叶摊凉时间太长，茶暴露于空气中或保管时未密封，茶叶吸潮引起。

（40）陈气：茶叶存放中失去新茶香味，呈现不愉悦的类似油脂氧化变质的气味。

（41）酸、馊气：茶叶含水量高、加工不当、变质所出现的不正常气味。馊气程度重于酸气。

（42）劣异气：茶叶加工或贮存不当产生的劣变气息或污染外来物质所产生的气息，如烟、焦、酸、馊、霉或其他异杂气。

（五）滋味

（1）浓：内含物丰富，收敛性强。

（2）厚：内含物丰富，有黏稠感。

（3）醇：浓淡适中，口感柔和。

（4）滑：茶汤入口和吞咽后顺滑，无粗糙感。

（5）回甘：茶汤饮后，舌根和喉部有甜感，并有滋润的感觉。

（6）浓厚：入口浓，收敛性强，回味有黏稠感。

（7）醇厚：入口爽适味有黏稠感。

（8）浓醇：入口浓，有收敛性，回味爽适。

（9）甘醇：醇而回甘。

（10）甘滑：滑中带甘。

（11）甘鲜：鲜洁有回甘。

（12）甜醇：入口即有甜感，爽适柔和。

（13）甜爽：爽口而有甜味。

（14）鲜醇：鲜洁醇爽。

（15）醇爽：醇而鲜爽。

（16）清醇：茶汤入口爽适，清爽柔和。

（17）醇正：浓度适当，正常无异味。

（18）醇和：醇而和淡。

（19）平和：茶味和淡，无粗味。

（20）淡薄：茶汤内含物少，无杂味。

（21）浊：口感不顺，茶汤中似有胶状悬浮物或有杂质。

（22）涩：茶汤入口后，有厚舌阻滞的感觉。

（23）苦：茶汤入口有苦味，回味仍苦。

（24）粗味：粗糙滞钝，带木质味。

（25）青涩：涩而带有生青味。

（26）青味：青草气味。

（27）青浊味：茶汤不清爽，带青味和浊味，多为雨水青、晒青、做青不足或杀青不匀不透而产生。

（28）熟闷味：茶汤入口不爽，带有蒸熟或焖熟味。

（29）闷黄味：茶汤有闷黄软熟的气味，多为杀青叶闷堆未及时摊开、揉捻时间偏长或包揉叶温过高、定型时间偏长而引起。

（30）淡水味：茶汤浓度感不足，淡薄如水。

（31）高山韵：高山茶所特有的香气清高细腻，滋味丰厚饱满的综合体现。

（32）丛韵：单株茶树所体现的特有香气和滋味，多为凤凰单丛茶、武夷名丛或普洱大树茶之香味特征。

（33）陈醇：茶质好，保存得当，陈化后具有的愉悦柔和的滋味，无杂、无霉味。

（34）高火味：茶叶干燥过程中温度高或时间长而产生的，微带烤黄的锅巴味。

（35）老火味：茶叶干燥过程中温度过高，或时间过长而产生的似烤焦黄锅巴味，程度重于高火味。

（36）焦味：茶汤带有较重的焦煳味，程度重于老火味。

（37）辛味：普洱茶原料多为夏暑季雨水茶，因渥堆不足或无后熟陈化而产生的辛辣味。

（38）陈味：茶叶存放中失去新茶香味，呈现不愉快的类似油脂氧化变质的味道。

（39）杂味：滋味混杂不清爽。

（40）霉味：茶叶存放过程中水分过高导致真菌生长所散发出的气味。

（41）劣异味：茶叶加工或贮存不当产生的劣变味或被外来物质污染所产生的味感，如烟、焦、酸、馊、霉或其他异杂味。

（六）叶底

（1）细嫩：芽头多或叶子细小嫩软。

（2）肥嫩：芽头肥壮，叶质柔软厚实。

（3）柔嫩：嫩而柔软。

（4）柔软：手按如棉，按后伏贴盘底。

（5）肥亮：叶肉肥厚，叶色透明发亮。

（6）软亮：嫩度适当或稍嫩，叶质柔软，按后伏贴盘底，叶色明亮。

（7）匀：老嫩、大小、厚薄、整碎或色泽等均匀一致。

（8）杂：老嫩、大小、厚薄、整碎或色泽等不一致。

（9）硬：坚硬，有弹性。

（10）嫩匀：芽叶匀齐一致，嫩而柔软。

（11）肥厚：芽或叶肥壮，叶肉厚。

（12）开展、舒展：叶张展开，叶质柔软。

（13）摊张：老叶摊开。

（14）青张：夹杂青色叶片。

（15）乌条：叶底乌暗而不开展。

（16）粗老：叶质粗硬，叶脉显露。

（17）皱缩：叶质老，叶卷缩起皱纹。

（18）瘦薄：芽头瘦小，叶张单薄少肉。

（19）破碎：断碎、破碎叶片多。

（20）暗杂：叶色暗沉，老嫩不一。

（21）硬杂：叶质粗老、坚硬、多梗、色泽驳杂。

（22）焦斑：叶张边缘、叶面或叶背有局部黑色或黄色灼伤斑痕。

七、感官审评常用名词、副词（虚词）

（一）感官审评常用名词

（1）芽头：未发育成茎叶的嫩尖，质地柔软。

（2）茎：尚未木质化的嫩梢。

（3）梗：着生芽叶的已显木质化的茎，一般指当年青梗。

（4）筋：脱去叶肉的叶柄、叶脉部分。

（5）碎：呈颗粒状细而短的断碎芽叶。

（6）夹片：呈折叠状的扁片。

（7）单张：单瓣叶子，有老嫩之分。

（8）片：破碎的细小轻薄片。

（9）末：细小，呈沙粒状或粉末状。

（10）朴：叶质稍粗老呈折叠状的扁片块。

（11）红梗：梗子呈红色。

（12）红筋：叶脉呈红色。

（13）红叶：叶片呈红色。

（14）渥红：鲜叶堆放中叶温升高而红变。

（15）丝瓜瓤：渥堆过度，叶质腐烂，只留下网络状叶脉，形似丝瓜瓤。

（16）麻梗：隔年老梗，粗老梗，麻白色。

（17）剥皮梗：在揉捻过程中脱了皮的梗。新梢的绿色嫩梗。

（18）绿苔：新梢的绿色嫩梗。

（19）上段：经摇样盘后，上层较长大的茶叶，也称面装或面张。

（20）中段：经摇样盘后，集中在中层较细紧、重实的茶叶，也称中档或腰档。

（21）下段：经摇样盘后，沉积于底层细小的碎、片、末茶，也称下身或下盘。

（22）中和性：香气不突出的茶叶适于拼和。

（二）感官审评常用副词（虚词）

茶叶品质综合复杂，当产品样对照某等级标准样进行评比时，某些品质因子往往在程度上有差别。此时除可以用符合该等级茶的评语作为主体词外，还可以在主体词前加"稍""较""略""尚""欠"等比较性辅助词来丰富词汇，表达质量差异程度，这种辅助词称为副词，也有的称为虚词。

（1）相当：两者相比，品质水平一致或基本相符。

（2）接近：两者相比，品质水平差距甚小或某项因子略差。

（3）稍高：两者相比，品质水平稍好或某项因子稍高。

（4）稍低：两者相比，品质水平稍差或某项因子稍低。

（5）较高：两者相比，品质水平较好或某项因子较高。

（6）较低：两者相比，品质水平较差或某项因子较差。

（7）高：两者相比，品质水平明显好或某项因子明显好。

（8）低：两者相比，品质水平差距大，明显差或某项因子明显差。

（9）强：两者相比，其品质总水平要好些。

（10）弱：两者相比，其品质水平要差些。

（11）微：在某种程度上很轻微时用。

（12）稍或略：某种程度不深时用。

（13）较：两者相比有一定差距。

（14）欠：在规格上或某种即度上不够要求，且差距较大时用。

（15）尚：某种程度有些不足，但基本还接近时用。

（16）有：表示某些方面存在。

（17）显：表示某些方面突出。

第二节　茶之源及茶的基本概念

一、茶之源

（一）茶的发现与茶的原产地

陆羽认为饮茶起源于神农时代，《茶经·六之饮》中指出："茶之为饮，发乎神农氏，闻于鲁周公。"传说"神农尝百草，日遇七十二毒，得荼而解之"。神农时代，也是农耕文明的起源时期，由耕作而获得的食物有限，采集野果、野菜和某些树木的幼嫩枝叶与稻、粟等谷物一同煮食。人们在长期的食用茶的过程中逐渐认识了茶叶的解渴、提神和疗疾等药用功效，然后单独将茶树叶片煮成菜羹食用，继而发展为饮用。

茶叶原产于中国，中国西南地区的云贵高原是茶树的起源中心。中国是世界上最早发现、利用人工栽培茶树、最早加工茶叶、茶类最丰富的国家。从茶树种质资源、茶树的演化形成、自然环境的变迁、野生茶树的分布以及茶的词源学等方面研究可表明茶发源于中国。

（二）茶的应用历程

茶的应用历程，分别经历了茶的食用、药用与饮用三个阶段。三者相互承启，不可绝对划分，现代以饮用为主，但同时又有茶的药用与食用之说。

（1）关于茶的食用历程，春秋时期《晏子春秋》中就有提到"茗菜"。

（2）关于茶的药用历程，是人类在长期食用茶的过程中，对茶的药用功能逐渐有了认识。传说距今五千年的神农时代，就有"神农尝百草，日遇七十二毒，得荼而解之"的传说。

（3）关于茶的饮用历程，明末清初著名学者顾炎武在《日知录》中说："自秦人取蜀，而后始有茗饮之事。"茶作为饮料，始于古代巴蜀地区。原始的饮茶方法是烹煮饮用，唐初期，羹饮方式依然存在。中国历史上有三个饮茶文化璀璨的时期，有各自的风格与情感，分别是：唐代的煮茶法、宋代的点茶法、明代及以后的冲泡法。唐代陆羽把饮茶提升到了品茶境界，用欣赏品味的态度来饮茶，当作是一种精神享受、艺术鉴赏。不同时代饮茶方式虽有变化，但由品茶意境延展而来的审美情趣在历代风雅人士中绵延回荡，与诗书、绘画、陶瓷、焚香、插花、弹琴等事交织成儒雅闲适的生活美学。至宋，文人雅士便将取型捉意于自然的艺术品置于席上。明代之后盛行散茶泡法，现在所风行的泡茶法就是延续了晚明以后的泡法，在此基础上有了各式各样的创新，追求便捷、时尚、健康的饮茶法，如调饮茶、冷泡茶、袋泡茶等。

二、茶的基本概念

茶，交织着人文与自然关怀的一片树叶。茶是中国的举国之饮，如今已经成为三大无酒精饮料之首，并将成为21世纪的饮料之王。饮茶嗜好已经遍及全球，目前全世界有160多个国家或者地区，有30多亿人每天都在喝茶。

（一）茶的地位（植物学层面）

1950年由我国植物学家钱崇澍，依国际命名法确定茶树的学名为：Camellia sinensis

（L.）O. kuntze。茶树属于山茶科，多年生、常绿、木本植物。茶属于高等植物，具有高度发展的植物体，由根、茎、叶、花、果、种子等器官构成的形态特征，详见图1-29。茶树按树型、叶片大小和发芽迟早可分为三个分类系统，分别为型、类、种。茶树按品种的繁殖方法可分为有性繁殖品种与无性繁殖品种。

茶树第一级分类系统称为"型"。自然生长的茶树，由于分枝部位的不同，通常分为乔木型、小乔木型、灌木型三类，见图1-30。正如陆羽《茶经·一之源》记载："茶者，南方之嘉木也。一尺、二尺乃至数十尺。"茶原产于中国西南地区，乔木型茶树在向北传播演化过程中，由于受气温低、气候较干燥的影响，树型逐渐变得矮小起来，逐渐就演化形成了灌木型茶树。我国长江流域茶区广泛分布的茶树，绝大部分是灌木型茶树。这些茶树树形矮小，没有明显

图1-29 茶一身都是宝（1887年绘）
（资料来源：梅维恒，郝也麟.茶的真实历史[M].高文海，译.北京：生活·读书·新知三联书店，2021）

的主干，分枝较低也较多，尤其在修剪采摘的情况下，容易形成馒头形的树冠。分枝多，发芽密，耐采摘是灌木型茶树的特点。江南茶区丘陵地带栽培的茶树，由于栽培种植方式、修剪采摘方法的不同，形成了一丛丛、一条条或地毯式不分行的茶园。小乔木型茶树，是介于乔木型与灌木型之间的中间型茶树。树形一般没有乔木型那么高大，但有明显的主干，分枝较低。这类茶树在广东、福建一带的茶区常可见到。乔木型与小乔木型茶树，在通过人为修剪，控制主干生长的情况下，也能使树形矮化，分枝增多，形成适合人们采摘高度的树形。

茶树第二级分类系统称为"类"。按叶片大小分为小叶种类、中叶种类、大叶种类、特大叶种类四类。叶面积：用未投产或深修剪后茶树当年生的枝干中部成熟叶片（叶片特征均已此为依据）来计算。叶面积＝长＊宽＊0.7。小叶种类（叶面积＜20 cm²），中叶种类（叶面积：20—40 cm²），大叶种类＞（叶面积：40—60 cm²），特大叶种类（叶面积＞60 cm²），具体见图1-31。成熟叶片的颜色一般分为浅绿、中绿与深绿，叶片颜色浅至玉白色，深至紫红色。具体见图1-32，图1-33。

第三级分类系统称为"种"。按照发芽期迟早分为早芽种、中芽种和迟芽种。早芽种：发芽期早，头茶开采期活动积温在400℃以下。中芽种：发芽期中等，头茶开采期活动积温400—500℃之间。迟芽种：发芽期迟，头茶开采期活动积温在500℃以上。

茶树按品种的来源可分地方品种与育成品种。地方品种，即农家品种，它们是在一定的自然环境条件中，经过长期的自然选择和人工选择而形成的，对当地自然生长条件有最广泛的适应能力。其中除一些无性繁殖系品种外，一般在未改良前，常常是一个较混杂的

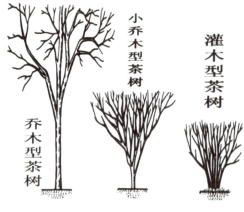

图 1-30　茶树分支类型

图 1-31　茶树叶片大小类型

图 1-32　茶叶颜色类型

图 1-33　玉白色与紫红色的茶色边界

群体。育成品种，即改良品种，指应用科学的育种方法选育出来的新品种。

茶树按品种的繁殖方法可分为有性繁殖品种与无性繁殖品种。有性繁殖品种，即种子繁殖。无性繁殖品种，即营养繁殖，指直接用母体的枝、根、芽等的营养体的再生能力进行繁殖后代。

茶树"叶"独有的形态学 4 个基本特征（可区别于其他植物的叶子）：

（1）叶缘有锯齿，一般有 16—32 对，叶基部分渐渐无锯齿；

（2）明显主脉，主脉分侧脉，侧脉分细脉，侧脉与主脉呈 45—65°；

（3）叶脉呈网状，侧脉从中展至 2/3 处向上弯曲呈弧形并与上方侧脉相连，形成一个闭合网状系统；

（4）嫩叶叶背有茸毛等。具体见图 1-34。

（二）茶的内涵（化学层面）

图 1-34　茶树叶片的形态

茶的内涵包括物质层面与精神层面，"柴米油盐酱醋茶"。茶可养身，亦可养心。

茶叶是茶树的嫩叶和芽制成的饮料。为何一片叶子能喝，它有什么特殊的成分？茶鲜叶以自身固有的生化成分（色、香、味）为基础，通过不同的加工方式，进而创造出适合人类品饮的不同风味特色的六大茶类。可以说，一杯茶中浓缩了人类的进化史。

茶叶的主要化学成分见表1-13。茶叶的色泽、香气与滋味特征相应化学成分见表1-14、表1-15、表1-16。

表1-13 茶叶的主要化学成分

分类		名称	占干物重（%）
水份75%			
干物质（占鲜叶重25%）	无机化合物 4%—7%	水溶性部分	2—4
		水不溶部分：含酸溶与非酸溶	1.5—3.0
	有机化合物 93%—96%	N 蛋白质：主要是谷蛋白、白蛋白、球蛋白、精蛋白	20—30
		N 氨基酸：已发现26种，主要是茶氨酸、天门冬氨酸、谷氨酸	1—4
		N 生物碱：主要是咖啡碱，可可碱，茶叶碱	3—5
		茶多酚：主要是儿茶素，含量70%左右	18—36
		碳水化合物：主要是纤维素，果胶，淀粉，葡萄糖，果糖	20—25
		有机酸：主要是苹果酸，柠檬酸，草酸，脂肪酸	3左右
		类脂类：主要是脂肪，磷酸，甘油酸，硫脂和糖脂	8左右
		色素：主要是叶绿素、类胡萝卜素、叶黄素、花青素类	1左右
		芳香物质：主要是醇类，醛类，酸类，酮类，酯类，内酯	0.005—0.03
		维生素：维生素C、A、E、D、B1、B2、B6、K、H	0.6—1.0
		酶类：氧化还原酶，水解酶，磷酸酶，裂解酶，同分异构酶	

表1-14 茶叶色泽特征相应成分表

茶叶色泽	相对应的有关成分
干茶色泽	由脂溶性色素和水溶性色素共同构成。脂溶性色素主要有：叶绿素、类胡萝卜素等。水溶性色素主要有黄酮类、花青素、叶绿素转化产物、多酚类氧化产物、茶黄素、茶红素、茶褐素等。这些有色物质主要是茶鲜叶经不同加工工艺后呈现的多种有色化合物的综合反映
汤色	水溶性色素是主要呈色物质，虽然脂溶性色素不能直接进入茶汤，但对茶汤色泽也起到一定的作用，如叶绿素浮于茶汤之中
叶底色泽	主要呈色物质是脂溶性色素

表1-15 茶叶香气特征相应成分表

香气特征	相对应的有关成分
嫩茶的鲜爽型清香	青叶醇（顺-3-己烯醇）、六碳醇、六碳酸、六碳酯类
铃兰类的鲜爽型花香	沉香醇（芳樟醇）
蔷薇类的柔和花香	α-苯乙醇、香叶醇
茉莉、栀子类甜醇浓厚的花香	β-紫罗酮及其他紫罗酮衍生物、顺茉莉酮、茉莉酮酸甲酯
果味香	茉莉内酯及其他内酯类、茶螺烯酮及其他紫罗酮类化合物
木质香气	倍半萜等碳氢化合物、苯乙烯（4-乙烯苯酚）
重青苦气味	吲哚、其他未知物质
焦糖香及烘炒香	吡嗪类、呋喃类
贮藏中增加的陈味	反-2，顺-4-庚二烯醛、5，6-环氧-β-紫罗酮
青草气和粗青气	顺-3-己烯醛、正己醛、异戊醇等

表1-16 茶叶滋味特征相应成分表

呈味物质	滋味	呈味物质	滋味
多酚类	苦涩味	氨基酸类	鲜味带甜
儿茶素类	苦涩味	茶氨酸	鲜爽带甜
酯型儿茶素	苦涩味较强	谷氨酸	鲜甜带酸
没食子儿茶素	涩味	天门冬氨酸	鲜甜带酸
表儿茶素	涩味较弱，回味稍甜	谷氨酰胺	鲜甜带酸
黄酮类	苦涩味	天门冬酰胺	鲜甜带酸
花青素	苦味	甘氨酸	甜味
没食子酸	酸涩味	丙氨酸	甜味
茶黄素	刺激性强，回味爽	丝氨酸	甜味
茶红素	刺激性弱，带甜醇	精氨酸	甜而回味苦
茶褐素	味平淡，稍甜	茶皂素	辛辣的苦味
咖啡碱+茶黄素	鲜爽	可溶性糖	甜味
咖啡碱	苦味	果胶	味厚感
草酸等有机酸	酸味	抗坏血酸	酸味
游离脂肪酸	陈味感	琥珀酸	清新鲜味

第三节 我国茶区分布及茶叶基本分类

一、我国茶区分布

我国茶区分布辽阔，共有20个省（区、市）967个县、市生产茶叶。全国可分为四大茶区：西南茶区、江北茶区、江南茶区和华南茶区。我国名茶诸多，在1959年评出中国十大名茶，分别是西湖龙井、江苏碧螺春、黄山毛峰、太平猴魁、六安瓜片、信阳毛尖、君山银针、武夷岩茶、铁观音、祁门红茶等。我国四大茶区代表名茶如下：

1. 江北茶区

长江以北，秦岭淮河以南，包括山东、河南、陕西、甘肃。有日照绿茶、信阳毛尖、紫阳毛尖等代表名茶。

2. 江南茶区

北起长江，南至南岭，包括浙江、安徽、湖北、湖南、江苏、江西。有浙江西湖龙井、江苏洞庭碧螺春、君山银针、霍山黄大茶、安徽黄山毛峰、太平猴魁、庐山云雾、安徽祁红、九曲红梅等代表名茶。

3. 西南茶区

中国最古老茶区，包括云南、贵州、四川。有云南普洱茶、沱茶、滇红、都匀毛尖、花茶等代表名茶。

4. 华南茶区

中国最适合种茶区，包括广东、广西、福建、台湾。有铁观音、大红袍、凤凰单丛、冻顶乌龙、东方美人、白毫银针、白牡丹、正山小种、闽红工夫、广西六堡茶、福州茉莉花茶等代表名茶。

二、我国基本茶类的出现

（一）茶的制法演变

数千年以前，中国人就开始采茶，制茶，饮茶。今天，"中国传统制茶技艺及其相关习俗"该遗产项目依然贯穿于人们的生活、仪式与节庆活动中，为人们提供可持续生计，为多民族实践、共享与珍视。茶的制法与茶的生产水平及规模、茶在日常生活中的应用方式有密切关系，由简单到复杂，再由复杂到精细，不断提高。当人们以咀嚼新鲜茶叶以求生存的时候，可能还谈不上"制作"，到了汉代，茶有入贡，且有一定规模的茶山，也出现了茶的交易，饮茶有了专器等，显示茶叶生产和茶饮在汉代社会的朝廷、文人及民间均已有了一定的扩大。三国魏张揖《广雅》："荆巴间采叶作饼"，但此时的制作方法还是比较粗放的，并且还未提及绿茶关键的"杀青"工艺。唐代茶叶生产发展迅速，产茶区域几近于现代，其贡茶客观上成为质量标杆，推动了全国茶叶生产技术水平的提高。随着贮运需求的产生以及口感的变化和对特定风味的追求，在生产制作过程中逐渐形成了相对固定的工艺。

唐代，以贡茶为代表的蒸青饼茶制作工艺成熟，陆羽（733—804）《茶经·三之造》蒸青饼茶的制作方法："晴，采之，蒸之，捣之，拍之，焙之，穿之，封之，茶之干矣。"详见图1-35。宋代的"龙团凤饼"，继承唐制，整个制茶过程工序达十多道，见图1-36。其原料之细嫩，工艺之繁复，可谓登峰造极。元代，民间的散茶、末茶等开始崭露头角，与腊茶（团饼茶）平分秋色，属中国茶业和茶文化的转折期。明洪武二十四年，朱元璋"废团茶、兴叶茶"的诏令，是一个从团饼茶向散茶时代转型的契机，为新茶品的大量出现创造了良好的政治和文化环境。从此以后散茶大量出现，成为主流茶品。散茶生产和加工技术大发展，催生了泡茶法的形成与流行，明朝中叶以后，以散茶直接用沸水冲瀹的泡茶逐渐流行，并成为后世饮茶的主流。

图1-35 唐代制茶（出自吴觉农《茶经述评》）

图1-36 宋代龙团凤饼样式

从绿茶的制作上看，从"湿热杀青（蒸汽杀青）"向"干热杀青（锅式炒青）"的主流转变，使绿茶的香气、滋味等有了更好的呈现。到明代，除蒸青、炒青、烘青绿茶之外，又有黄茶、黑茶、白茶、红茶，明末清初出现了青茶。制茶师运用"杀青""闷黄""渥堆""萎凋""做青""发酵"等核心技艺，将叶转变为茶，发展出非酶性氧化的绿茶、黄茶、黑茶和酶性氧化的白茶、青茶（乌龙茶）、红茶这六大茶类。这是艰辛又神奇的过程。中国六大茶类，以颜色和发酵度来划分。其中，不发酵的绿茶，最大程度保留了茶的鲜度；轻微发酵的黄茶，比绿茶更多一份柔和；发酵时间最长的黑茶，曾经是游牧民族的生命之饮；不炒不揉的白茶，最多的保留了自然的原味；半发酵的青茶，创造出千变万化的香气；全发酵的红茶，是当今世界消费量最大的茶。随时代的发展、科技的进步，以六大茶类为基础，又衍生出多种再加工茶，如花茶、速溶茶等。同时，各茶类之间的技术也正相互影响、渗透、借鉴，因此有理由相信，中国茶类的发展还有很大的空间。

三、六大茶类的分类依据及代表类型

从唐宋时期的绿茶演化出现如今的六大茶类，很关键的原因是茶多酚酶具备双重性，可以被钝化（叶温达80℃），也可以被激发（叶温达20—30℃），因此才有了六大茶类出现的可能性。1979年由陈椽教授提出六大茶类的概念，具有跨时代的意义。国际标准《茶叶分类》ISO 20715：2023的颁布，标志着我国六大茶类分类体系正式成为国际共识，也是我国在茶叶标准国际化领域取得的具有里程碑意义的成果。

茶树鲜叶根据加工方法不同，分为绿茶、黄茶、黑茶、白茶、青茶（乌龙茶）、红茶六大茶类。六大茶类分类以颜色划分，实质上依据多酚类不同程度的酶性氧化与非酶性氧化划分。钝化酶活性茶类：绿茶、黄茶、黑茶。激发酶活性茶类：白茶、红茶、青茶。茶叶加工是在人为创造一定的外部条件下，通过激发或抑制细胞中的酶，产生系列生化反应，使茶叶色、香、味形成的过程。这种酶叫内源酶；也有利用一些别的生物酶来提高茶叶品质，叫外源酶。见图1-37和图1-38。钝化酶活性茶类：绿茶、黄茶、黑茶。激发酶活性茶类：白茶、红茶、青茶。六大茶类的基本情况见表1-17。六大茶类品饮场景，详见图1-37—图1-47。

图1-37 茶树鲜叶

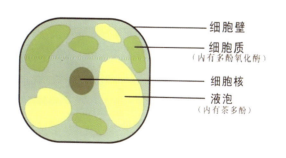

图1-38 茶叶细胞结构

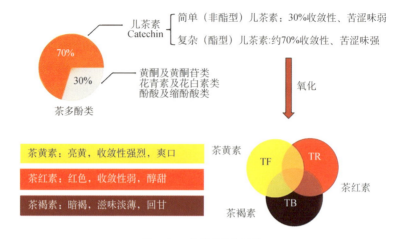

图 1-39　茶多酚氧化过程

六大基本茶类加工工艺流程

图 1-40　六大茶类加工工艺流程图

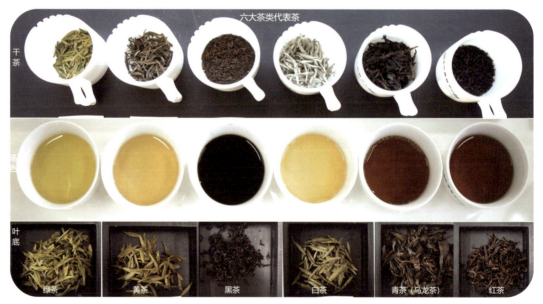

图 1-41　六大茶类（绿、黄、黑、白、青、红）干茶、汤色与叶底色

图1-42　品味西湖龙井

图1-43　品味白毫银针

图1-44　品味蒙顶黄芽

图1-45　品味大红袍

图1-46　品味普洱熟茶

图1-47　品味正山小种

表1-17　六大茶类基本情况

茶类	主要产区	分类及代表茶	发酵度及工艺流程	关键品质
绿茶	绿茶是我国产量最多、消费量最大的茶类。其中以浙江、安徽、江西三省产量最高	炒青：西湖龙井 烘青：黄山毛峰 蒸青：恩施玉露 晒青：滇绿	不发酵茶 鲜叶→摊放→杀青→揉捻→造型→干燥 关键工序：杀青	清汤绿叶，鲜爽，收敛性强
黄茶	黄茶属于地域性特色产品，相比绿茶更加柔和。主产于安徽、四川、湖南、湖北、浙江、广东与贵州等地	黄芽茶：君山银针 黄小茶：沩山毛尖 黄大茶：霍山黄大茶	轻发酵茶 鲜叶→摊放→杀青→揉捻→闷黄→干燥 关键工序：闷黄	黄汤黄叶，清甜柔和

续表

茶类	主要产区	分类及代表茶	发酵度及工艺流程	关键品质
黑茶	黑茶是我国特有的茶类，也是我国边疆少数民族生活的必需品，主要产区在云南、湖南、湖北、广西、四川等地	散茶：六堡茶、普洱茶、天尖等 紧压茶：茯砖、黑砖、千两茶、青砖、康砖等	后发酵茶 鲜放→杀青→揉捻→渥堆→干燥 关键工序：渥堆	汤色红浓，陈香陈醇
白茶	白茶发源于福建，主产于福建，不炒不揉，最接近自然	白毫银针 白牡丹 贡眉 寿眉	微发酵茶 鲜叶→萎凋→干燥 关键工序：萎凋	茶芽白毫密披，鲜醇清雅
青茶	青茶发源于福建，主要分布于福建、广东、台湾三个省份	闽北乌龙：大红袍 闽南乌龙：铁观音 广东乌龙：凤凰单丛 台湾乌龙：东方美人	半发酵茶 鲜叶→萎凋→做青→杀青→揉捻→干燥 关键工序：做青	香气馥郁，醇厚回甘，叶底绿叶红镶边
红茶	红茶发源于福建，为世界饮用量最大的一个茶类。主要分布于福建、安徽、江西、江苏、云南、四川、广东、广西、贵州、湖南、湖北、海南等地	小种红茶：正山小种 工夫红茶：祁门工夫 红碎茶	全发酵茶 鲜叶→萎凋→揉捻→发酵→干燥 关键工序：发酵	红汤红叶，甜醇

习 题

1. 茶为何物？请从茶的植物学层面与化学层面回答。
2. 请描述茶树"叶"的四个形态学特征，并画简图示意。
3. 请简述茶的应用历程与饮用历程。
4. 茶叶审评的定义与作用。
5. 如何建立科学规范的审评室？
6. 请简述茶叶的审评流程。茶叶的审评结果涵盖哪些内容？茶叶术语指的是什么？
7. 人的感觉受体，按其所接受外界信息的刺激性质不同，分为哪几类？
8. 请简述感觉基本规律之适应现象、对比现象、协同效应。
9. 我国有哪四大茶区，有哪些代表名茶？结合"名山出名茶"，谈谈你的理解。
10. 六大茶类出现的背景是什么？六大茶类的颜色从何而来？六大茶类划分的依据是什么，分别有哪些代表名茶，品质特点如何？

第二章 茶叶感官审评基本操作技术

学习目标

1. 了解茶叶感官审评室布局要求，熟悉评茶设备，掌握茶叶感官审评方法，独立并规范地完成评茶操作流程；

2. 了解自己的味觉敏感性与嗅觉情况，掌握味觉测试方法，熟悉五味特点；

3. 了解茶叶感官审评冲泡的条件及目的，掌握不同水温条件、时间条件、茶水比条件对审评结果的不同影响，了解茶叶审评与茶艺的区别；

4. 了解不同水质的特点，熟悉不同水质对茶叶品质的影响，掌握择水泡茶的要点。

本章摘要

通过了解感官生理学基础知识、茶叶感官审评室设备及布局要求，掌握茶叶感官审评方法与操作流程、择水泡茶的要点，探究不同的评茶条件（水温、冲泡时间、茶水比等）对审评结果的影响，才可以更科学地对茶叶品质进行评价，这对日常冲泡法的研究有一定的启示作用。

关键词

茶叶感官审评室；审评方法；审评流程；评茶用水；识别香气；味觉

第一节　认识茶叶感官审评室与审评方法练习

一、实验目的

目前，茶叶的品质主要依靠人的感官评定。茶叶感官审评在茶叶审评室进行，审评人员必须熟悉审评室环境和各种评茶设备，并掌握各种评茶设备的正确使用方式、操作方法，熟练操作技术，才能保证审评结果的客观性与准确性。

二、实验内容说明

（一）了解茶叶感官审评室的布局要求

了解整个审评室环境，按照《茶叶感官审评室基本条件》（GB/T 23776—2012）具体要求。详见第一章内容。

（二）熟悉评茶设备

熟悉评茶设备，详见第一章绪论内容。

评茶设备包括干评台、湿评台、样茶盘、茶样秤、审评杯碗、叶底盘、品茗杯、茶匙、砂时计或计时钟、电热壶、吐茶筒等。

（三）掌握茶叶审评方法，独立、规范完成评茶操作

把盘取样→干评外形→茶汤制备→湿评内质（香气、汤色、滋味、叶底）→结果评定。详见第一章内容。

三、实验材料

（一）实验茶样

六大茶类代表样。

（二）实验设备

干评台、湿评台、样茶盘、茶样秤、审评杯碗、叶底盘、品茗杯、茶匙、砂时计或计时钟、电热壶、吐茶筒等。

四、方法与步骤

观察整个审评室环境→认识所有评茶用具→计时器的使用→天平的使用→练习把盘和称样→开汤评茶→结果评定→收拾。

掌握柱形杯审评法与盖碗审评法。

第二节　香型识别与味觉测验

一、实验目的

感官审评茶叶是通过味觉、嗅觉、触觉、视觉来完成的，这些器官的敏感性如何，直接影响到评茶的准确性，通过本实验测定自己的味觉敏感性、嗅觉状况，并了解评茶人员挑选和测试的简单方法。

二、材料与用具

（一）实验材料

白砂糖、食盐、酒石酸、奎宁、味精、食用香精油、桃醛、茉莉、桔、玫瑰等。

（二）实验用具

天平、量筒、烧杯、容量瓶、辨香纸等。

三、方法步骤

（一）五味初试

五味初试试液见表2-1。把第一组试液分别倒入五个审评碗中，标上A、B、C、D、E。审评人员用茶匙和汤杯盛测液，鉴别各试液的滋味，写出结果。

表2-1　第一组试液

单位：%

味感	甜味	咸味	酸味	苦味	鲜味
物质	白砂糖	食盐	酒石酸	奎宁	味精
浓度	0.5	0.15	0.009	0.000 23	0.05

（二）滋味浓度鉴别

方法同 1。滋味浓度鉴别试液见表 2-2。从第二组瓶子中倒出 X1、X2、X3、X4、X5 鉴别浓度，按浓度顺序写出结果。

表 2-2　第二组试液

单位：%

物质	浓度 1	浓度 2	浓度 3	浓度 4	浓度 5
白砂糖	7.22	6.28	5.43	4.75	4.13
食盐	1.38	1.20	1.04	0.91	0.80
酒石酸	0.031	0.025	0.020	0.016	0.013
味精	0.34	0.26	0.20	0.15	0.12

味感有甜、苦、酸、咸、鲜等，其在舌上感觉的敏感部位见图 2-1。实际上舌头对五味都有感觉，只是不同区域敏感程度有所不同。

（三）香型识别

通过嗅香气，识别香型，描述感受。嗅觉受体见图 2-2。

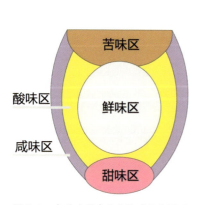

图 2-1　各种味道在舌上敏感部位图示

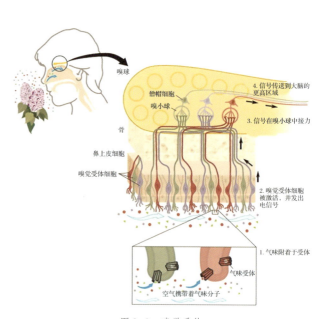

图 2-2　嗅觉受体

第三节　冲泡条件对茶叶品质鉴定的影响

一、实验目的

茶叶色、香、味的优劣，是通过冲泡后鉴定的，茶叶只有借助于适当的冲泡条件才能使品质充分发挥出来。茶叶感官审评，是通过定器、定量严格的国标法来鉴定茶叶的好坏优劣，是一种客观呈现茶叶品质的方法。而在茶艺馆里，茶艺师则要根据不同的茶类、季节、顾客的口感喜好等因素设计合适的冲泡方法，旨在呈现茶最佳的一面，让顾客感受一杯茶带来的美好感觉。通过本实验，了解冲泡条件对品质鉴定的影响，这对日常冲泡法的研究有一定的启示作用。

二、实验内容

与茶叶标准审评方法对比，设计2—3种温度、2—3种茶水比例、2—3种冲泡时间，比较茶汤品质变化，进行综合分析。

三、实验材料

（一）实验茶样

绿茶、白茶、红茶、乌龙茶等。

（二）实验设备

干评台、湿评台、样茶盘、茶样秤、审评杯碗、叶底盘、品茗杯、茶匙、砂时计或计时钟、电热壶、吐茶筒、温度计等。

四、方法步骤

把盘取样→干评外形→茶汤制备→湿评内质（香气、汤色、滋味、叶底）→结果评定。

（1）不同茶水比对品质鉴定的影响：设置三个茶水比（1:50，1:80，1:20），温度都为100℃，时间为5 min。

（2）不同冲泡时间对品质鉴定的影响：设置三个冲泡时间（2 min，5 min，8 min），温度都为100℃，茶水比都为1:50。

（3）不同水温对品质鉴定的影响：设置三个温度（100℃，80℃，60℃）对比，茶水比都为 1:50，时间为 5 min。

第四节　水对茶叶品质的影响

一、实验目的

水为生命之源。水为茶之母，"茶"需要"水"的拥抱、孕育和释放才能形成。水是茶叶色香味品质释放和形成的主要载体，水质好坏会直接影响茶汤感官品质的优劣。

历代典籍中有关泡茶用水的记载：唐代陆羽《茶经·五之煮》中对宜茶择水方面要求："其水，用山水上，江水中，井水下。"宋代赵佶在他的《大观茶论》中写道："水以清、轻、甘、冽为美。轻甘乃水之自然，独为难得。"明代许次纾在《茶疏》中说"精茗蕴香，借水而发，无水不可与论茶也。"明代张大复在《梅花草堂笔谈》中说道："茶性必发于水，八分之茶，遇十分之水，茶亦十分矣；八分之水，试十分之茶，茶只八分耳。"明代张源在《茶录·品泉》中说："山顶泉清而轻，山下泉清而重，石中泉清而甘，砂中泉清而冽，土中泉淡而白，流于黄石为佳，泻出青石无用，流动着愈于安静，负阴者胜于向朝，真源无味，真水无香"。明代屠隆《茶水·择水》"天泉，秋水上，梅水次之；地泉，取乳泉漫流者，取清寒者，取石流者，取山脉透迤者；江水，取去人远者；井水，虽汲多者可食，终非佳品。"清代陆以湉《冷庐杂识》载，"高宗纯皇帝（乾隆）巡跸所至，制银斗，命内侍精量泉水"，以轻者为优。经量称，北京玉泉山的泉水水质最轻，被御定为"天下第一泉"。综观古人的品茶择水观，概括为六个字："轻、清、甘、活、冽、洁"。轻，即水质含矿物质、重金属离子少，泡茶时不易氧化茶汤；清与洁，即水质清澈透明、无色无沉淀物、无污染，泡茶时能显出茶的本色；甘，即水入口后口腔器官有甘甜感，泡茶时可增茶味；活，即活水流动不腐，含气体，泡茶时助茶汤鲜爽；冽，即寒冷之水多出自地层深处的矿脉中，受污染少，泡茶时茶味纯正。

泡茶用水，古有经典描述"西湖双绝：龙井茶，虎跑水""紫笋茶，金沙泉"。现代泡茶用水的理化指标及卫生指标要符合《生活饮用水卫生标准》（GB 5749—2022）等标准的要求，还要从软硬度、酸碱度及水源等方面考量。水质要无色、透明、无沉淀物，无肉眼可见物，无味无臭，浊度<2度，色度<5度，符合"三低"（低矿化度、低硬度、低碱度）特征，TDS<100 mg/L（TDS<50 mg/L更佳），Ca＋Mg<50 mg/L，中性偏酸、pH 5.0—7.0，水的硬度与碱度能够相协调，新鲜流动性含气体的水，且避免反复煮沸。微生物检测各项指标合格。水的选择和处理是日常泡茶过程中经常会遇到的问题，但泡茶用水暂时没有相关的国家标准或者行业标准。通过本实验了解不同的水质及其对茶叶品质的影响。

二、实验内容说明

（一）日常泡茶，水的选择和处理

现代日常饮用水一般是地表水，主要种类有天然水和人工处理水（包装饮用水、自来水）。见图2-3。泡茶用水根据不同茶类的特性和人的爱好而异。市场上包装饮用水的水质一般较为稳定、卫生，目前已日益成为人们的日常饮用水，可根据所泡茶类和人群特点进行具体筛选。

图2-3 日常饮用水的类型

1. 天然水

天然水包括洁净的雪水、雨水、泉水和江河湖水、井水等天然水源水。天然水含有丰富的矿物质、微量元素或其他成分，除甜味外还有鲜味和咸味，气体丰富的口感更丰富。达到生活饮用水安全卫生要求，但感官品质不够好的水源水，可以借鉴古代茶书载录的一些方法进行处理，如采用沙石过滤和木炭吸附等"洗水"方法去除水中的细小颗粒物和杂质异味，还可以将取来的水倒入瓷缸中"养水"，以提高水质；对于矿化度和硬度较高的天然水源水，经过粗滤、活性炭和反渗透膜等多道膜处理，去除颗粒物、异味，使硬水变为软水后，饮用会更好。天然水可分为低矿化度与高矿化度天然水。

（1）低矿化度天然泉水（总离子量<100 mg/L）：可以适当放大或修饰茶汤风格，不同水质类型影响不同，这类水适合对于水知识了解较多、对茶叶风味要求较高的人，进行针对性筛选，基本适合冲泡各类茶。

（2）高矿化度天然泉水或天然矿泉水（总离子量≥200 mg/L）：可以较大修饰和改变茶汤风格，对风味的影响较大，适合对茶叶刺激性敏感的人，或暂时无法拿到更合适水的人，一般只适用于普洱茶、黑茶等醇和风格的茶叶。

2. 人工处理水

人工处理水包括包装饮用水和自来水。

（1）包装饮用水。包括饮用纯净水、饮用天然水、天然泉水等。这些水一般都符合卫生指标，可以直接使用。

① 纯净水，经过净化处理，具典型无色、无味、无臭特征，带点甜味。纯净水泡茶能体现茶的原有风味，适合水知识了解不多，或愿意感受茶叶原有风味的人，适合用于冲泡各类茶。

② 饮用天然水、天然泉水，保存了原水中矿物质，可适当添加一定的矿物质与食品添加剂，多数口感清爽、清润，有一定的甘甜味。

（2）自来水。优质水源的自来水一般可以直接使用，但绝大多数城市自来水由于消毒剂的使用量较高，普遍带有漂白粉的氯气气味，泡茶前需要处理。处理方式：可以使用卫生容器"养水"处理，即将自来水在陶瓷缸等卫生容器中放置一昼夜，让氯气挥发殆尽，改善水质；也可以采用家庭自来水处理系统，即安装由高分子纤维、活性炭、RO膜等构成的家庭多层膜处理设备对水进行系统处理，去除杂质、异色、异味和无机离子后使用。

（二）不同水质对茶汤品质的影响

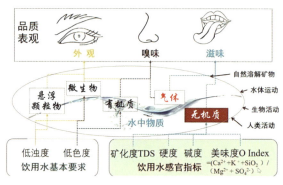

图 2-4 影响茶汤品质的关键水质因子

关于不同水质对茶汤品质的影响，尹军峰把水比喻成"茶的美容师"，茶这位佳人可以适当带点淡妆，即选用低矿化度的天然（泉）水来泡；而用富含矿物质的天然（泉）水就是过度美容，大浓妆会掩盖本身的味道，影响茶的滋味。水质对茶品质的影响见图2-4。

1. 水中硬度对茶汤的影响

水中总硬度，包括暂时硬度和永久硬度，几乎全部取决于钙镁离子的含量，是影响茶汤品质的最重要因素。主要体现在影响茶汤的色泽、冲泡时有泡沫及滋味。暂时硬度是水中的钙镁离子的酸式碳酸盐、碳酸氢钙、碳酸氢镁等，煮沸后，会沉淀下来。永久硬度是指水中的钙镁离子的硫酸盐、氯化盐及硝酸盐，即使长期沸腾也不会出现沉淀。彭乃特（Punnett，P. W.）、费莱特门（Fridman，C. B）的试验表明，水中矿物质对茶叶品质有较大的影响。水的硬度直接影响茶汤的品质，硬度愈大茶汤中茶红素的中性盐含量愈多，以致茶红素产生不可逆的自动氧化，茶汤色泽趋暗。西条了康也指出，硬度过高，茶汤色泛黄而淡薄，多酚类物质溶出率低，可能是因为钙与多酚类物质结合，难以溶出；并且高硬度的水，会使茶汤浑浊。当永久硬度过高，则茶汤滋味中的"盐味"明显。

2. 水的pH值（酸碱度）对茶汤的影响

水的pH值对茶汤的色泽、滋味有较大影响，正常的茶汤pH值都是酸性或者弱酸性。泡茶用水的pH值推荐为6.0—7.0，pH值过高，则茶汤色泽加深、失去鲜爽感。pH值过低，则汤色太浅薄，不能体现茶色。纪荣全认为，茶叶汤色对水的pH值非常敏感。当pH＞7，水中的羟基，会使得茶汤中的重要品质成分多酚类物质发生不可逆的氧化反应，形成一系列的氧化产物，如橙黄色的茶黄素类、棕红色的茶红素类和暗褐色的茶褐素类等。同时，他也认为pH值会影响茶汤中的离子平衡，以红茶为例，pH在4.5—5.0色泽正常；pH＞7时多酚类发生氧化，汤色呈暗褐色，茶汤失去鲜爽感；pH＜4时，则汤色太浅薄，不能体现茶色。对于半发酵的乌龙茶和后发酵黑茶，泡茶用水的pH过高或者过低都对茶汤色泽有影响。

3. 水中余氯对茶汤的影响

水中余氯对茶汤品质有不良影响，应当严格控制。江春柳认为，水中的余氯和氯离子会与茶多酚发生反应，使茶汤表面形成"锈油"，使茶汤滋味苦涩。但"锈油"产生的原因还不十分清楚。另有研究指出，自来水中氯离子偏多，也易引起多酚类物质的氧化或产生氯味，严重影响茶汤感官品质风味。

4. 水溶性气体的影响

古人泡茶讲究使用活水，汲取流动的泉水或山溪水的一个重要原因是活水中含有较多的 O_2 和 CO_2。研究表明，富含 CO_2 和 O_2 等气体的水冲泡的茶汤滋味更鲜爽，香气更纯正。泡茶需沸水，而水存在热敏性，水煮沸后降至常温，水的丰富度、鲜爽度和刺激性均下降，柔和度提高。尹军峰认为这与气体、矿物质的冷溶性等有关。实践表明，多次沸腾的水冲泡的茶汤风味品质下降。

三、实验材料与仪器设备

（一）实验茶样

六大茶类代表茶样。

（二）不同类型的水

天然水、自来水、包装饮用矿泉水、纯净水等。

（三）实验设备

干评台、湿评台、样茶盘、茶样秤、审评杯碗、叶底盘、品茗杯、茶匙、砂时计或计时钟、电热壶、吐茶筒等。

四、方法与步骤

把盘取样→干评外形→茶汤制备→湿评内质（香气、汤色、滋味、叶底）→结果评定比较100℃的天然水，自来水，包装饮用矿泉水、纯净水对不同茶类品质的影响。

设置四种水（天然水、自来水、包装饮用矿泉水、纯净水），对同一款茶进行审评，记录结果。

习 题

1. 请设计一间茶叶审评室，并画出布局图，并写出主要技术参数。
2. 通过审评实验，你认为在审评方法上应掌握哪几个环节才能使审评结果准确，为什么？
3. 六大茶类审评方法有何不同，各有什么特点，请概括。
4. 请结合相关案例简述茶叶审评与茶艺的异同点。

5. 不同的温度、茶水比及冲泡时间对茶汤品质有什么不同的影响，如绿茶审评法与日常冲泡的差别。

6. 对比分析乌龙茶的国标盖碗审评法（5 g，1∶22 茶水比，2 min、3 min、5 min，100℃）与国标柱形杯审评法（3 g，1∶50 茶水比，5 min 或 6 min，100℃）的异同点。

7. 谈谈你记忆中的香型。

8. 结合实验内容，描述不同浓度的甜味感受。

9. 水主要有哪些类型，各有什么特点？

10. 结合实验结果，分析天然水、自来水、包装饮用矿泉水、纯净水对不同茶叶品质的影响？

11. 泡茶用水的关键指标有哪些？

第三章 绿茶审评

学习目标

1. 了解绿茶的定义、产区分布、分类、工艺流程、审评要点、审评术语等；
2. 掌握绿茶审评方法与绿茶主题审评设计；
3. 熟悉绿茶日常品饮方法要领。

本章摘要

绿茶是我国产量最多、消费量最大的茶类。根据杀青与干燥方式的不同，有蒸青、烘青、炒青和晒青。重点要了解不同类型的绿茶品质特点，以及不同等级的绿茶品质特点。掌握绿茶审评方法与绿茶主题审评设计，熟悉绿茶日常品饮方法要领。

关键词

绿茶；龙井；杀青；清汤绿叶；冲泡

第一节 绿茶概况

一、绿茶概况

绿茶（Green Tea），根据现行国家标准《绿茶 第1部分：基本要求》（GB/T 14456.1—2017）是以茶树 Camellia sinensis（Linnaeus.）O.Kuntze 的芽、叶、嫩茎为原料，经杀青、揉捻、干燥等工序制成的产品。

绿茶是我国产量最多、消费量最大的茶类。中国绿茶分布情况与各省（区、市）代表名茶见表3-1。以浙江、安徽、江西三省产量最高，质量最优。1959年全国"十大名茶"中绿茶就占了六款，分别是"色绿、香郁、味醇、形美"四绝著称于世的"西湖龙井"，披毫卷螺汤碧绿、香清高雅味鲜爽的"洞庭碧螺春"，绿芽壮雀舌黄金片，香嫩高长味醇甜的"黄山毛峰"，宝绿色润形瓜片，香高味醇汤绿青的"六安瓜片"，条索紧细圆直光，味浓醇厚熟栗香的"信阳毛尖"，苍绿色润红丝线，鲜醇回甘兰花香的"太平猴魁"。自古名山出名茶，名茶的成因主要是产区自然条件优越（如高山云雾出好茶）、品种优越、工艺精湛、历史闻名，以及具有良好的经济效益。

表3-1 中国绿茶主要分布省（区、市）及代表绿茶

浙江	西湖龙井、径山茶、安吉白茶
安徽	黄山毛峰、太平猴魁、六安瓜片、涌溪火青
江西	庐山云雾、狗牯脑茶
江苏	江苏碧螺春、南京雨花茶
湖北	恩施玉露
湖南	安化松针、古丈毛尖
山东	日照绿茶、崂山绿茶
河南	信阳毛尖
四川	蒙顶甘露、竹叶青
重庆	永川秀芽
贵州	都匀毛尖、绿宝石
广西	伏虎绿雪
云南	滇绿
福建	天山绿茶、武平绿茶

二、绿茶分类

绿茶有三绿特征：即干茶绿、汤色绿、叶底绿。因其加工工艺与原料嫩度的差异，品质特征差异明显。根据杀青与干燥方式的不同，有炒青、烘青、蒸青和晒青。详见图3-1和表3-2。

图3-1 绿茶类型（炒青、烘青、蒸青、晒青）

表 3-2　绿茶类型

类型	定义	分类	代表名茶
炒青	在初加工过程中，干燥以炒为主（或全部炒干），形成的是外形紧实、绿灰，香气浓郁高爽，滋味浓醇厚爽的风格	长炒青、圆炒青、特种炒青（扁炒青、卷曲型、针型、直条型等）	眉茶、珠茶、龙井、碧螺春、南京雨花茶、信阳毛尖等
烘青	在初加工过程中，干燥以烘为主（或全部烘干），形成的是外形完整、色泽深绿油润，香气清高鲜爽，滋味清醇甘爽的风格	普通烘青、特种烘青（芽型、朵型、雀舌型、尖型、片型）	花茶茶坯、黄山毛峰、安吉白茶、太平猴魁、六安瓜片
蒸青	以茶树的鲜叶为原料，经蒸汽杀青、揉捻、干燥、成型等工序制成的绿茶。干茶外形细紧，呈针状，色泽鲜绿或墨绿油润有光，香气清鲜，汤色绿亮，滋味鲜醇的特点	中国蒸青绿茶、日本蒸青绿茶	恩施玉露、中国煎茶、玉露茶、碾茶煎茶、玉绿茶、香茶等
晒青	在初加工过程中，干燥以晒干为主（或全部晒干），形成的是干茶外形壮结青褐，香气清高，滋味浓厚，有日晒气味的风格	云南晒青绿茶、其他	滇青、川青、黔青、桂青、鄂青等

三、绿茶工艺特点

适制绿茶的鲜叶特点一般为叶色深绿，中小叶种为适宜，化学成分以叶绿素、蛋白质等含量高的为好，多酚类化合物的含量不宜太高，尤其花青素含量要少。绿茶是鲜叶经摊放、杀青、揉捻（或做形）后炒干或烘干、或晒干、或烘炒结合干燥形成的茶叶。绿茶在初加工过程中，关键工序为杀青，通过高温杀青钝化酶活性，阻止了茶叶中多酚类物质的酶促氧化，保持了绿茶"清汤绿叶"的品质特征。然而在加工过程中，由于高温湿热作用，部分多酚类氧化、热解、聚合和转化后，水浸出物的总含量有所减少，多酚类约减少15%，其含量的适当减少和转化，不但使绿茶茶汤呈嫩绿或黄绿色，还减少茶汤的苦涩味，使之变为爽口。

绿茶加工工艺以西湖龙井茶为例，见图 3-2—图 3-15。

图 3-2　宋广福院（狮峰山下老龙井寺）

图 3-3　龙井问茶

图 3-4　龙井村十八棵龙井御茶

图 3-5　西湖龙井茶一级产区（狮峰山产区）

图 3-7　西湖龙井新梢

图 3-8　西湖龙井茶采摘

注：杭州市西湖区、西湖风景名胜区东起虎跑、茅家埠，西至杨府庙、龙门坎、何家村，南起社井、浮山，北至老东岳、金鱼井的168平方公里范围内茶地，涉及西湖风景名胜区、西湖区，西湖街道、转塘街道、留下街道、双浦街道、灵隐街道，共2个区5个街道66个行政村（社）。地理坐标为东经120°00′50″～120°18′30″，北纬30°08′30″～30°27′76″，生产规模1440公顷，年产量515吨。

图 3-6　西湖龙井茶生产区域范围图
（资料来源：杭州市西湖龙井茶管理协会、西湖龙井茶 ISI.2021）

图 3-9　采摘鲜叶置于竹筐内　　图 3-10　鲜叶摊放

图 3-11 杀青（抖）

图 3-12 杀青（搭）

图 3-13 龙井茶手工炒制方法（搭、拓、抖、甩、推、抓、扣、捺、磨、压）

图 3-14 龙井茶成品

图 3-15 龙井茶开汤后的叶底

四、绿茶审评要点

绿茶的审评要点与品质评语及各品质因子评分表见表 3-3 和表 3-4。

表 3-3　绿茶的审评要点

项目	审评要点
形状	具备标准合格的形态特点（老嫩、大小、长短、松紧、整碎），忌碎、弯曲、脱档
干茶色泽	以翠绿、银绿、苍绿、黄绿润为宜，忌灰暗、杂、爆点、花杂
汤色	以黄绿、浅黄绿、绿亮为宜，忌暗、浊、红
香气	以自然芳香、花香、嫩香、毫香、清香、栗香为宜，忌高火、老火、焦气、闷气、日晒气、青气、粗气、陈气、酸馊气、劣异气、烟气、霉气
滋味	以鲜、醇、厚、回甘，协调性好，忌青涩、苦涩、异味、淡薄
叶底	以柔软匀齐为好，忌红筋、多梗、粗硬 以嫩绿、黄绿、嫩黄绿、鲜绿，忌青、暗、熟、黄

表 3-4　绿茶品质评语与各品质因子评分表，根据《茶叶感官审评方法》（GB/T 23776—2018）

因子	级别	品质特征	给分	评分系数
外形（a）	甲	以单芽或一芽一叶初展到一芽二叶为原料，造型有特色，色泽嫩绿或翠绿或深绿或鲜绿，油润，匀整，净度好	90—99	25%
	乙	较嫩，以一芽二叶为主为原料，造型较有特色，色泽墨绿或黄绿或青绿，较油润，尚匀整，净度较好	80—89	
	丙	嫩度稍低，造型特色不明显，色泽暗褐或陈灰或灰绿或偏黄，较匀整，净度尚好	70—79	
汤色（b）	甲	嫩绿明亮或绿明亮	90—99	10%
	乙	尚绿明亮或黄绿明亮	80—89	
	丙	深黄或黄绿欠亮或浑浊	70—79	
香气（c）	甲	高爽有栗香或有嫩香或带花香	90—99	25%
	乙	清香，尚高爽，火工香	80—89	
	丙	尚纯，熟闷，老火	70—79	
滋味（d）	甲	甘鲜或鲜醇，醇厚鲜爽，浓醇鲜爽	90—99	30%
	乙	清爽，浓尚醇，尚醇厚	80—89	
	丙	尚醇，浓涩，青涩	70—79	
叶底（e）	甲	嫩匀多芽，较嫩绿明亮，匀齐	90—99	10%
	乙	嫩匀有芽，绿明亮，尚匀齐	80—89	
	丙	尚嫩，黄绿，欠匀齐	70—79	

五、绿茶的感官审评术语

评茶术语是记述茶叶品质感官评定结果的专业性用语，正确理解和运用评茶术语需要一定的专业功底。根据《茶叶感官审评术语》（GB/T 14487—2017），茶类通用审评术语适用于绿茶。此外，绿茶常用的审评术语如下，供评茶时参考。

（一）干茶形状

（1）纤细：条索细紧如铜丝，为芽叶特别细小的碧螺春等茶之形状特征。
（2）卷曲如螺：条索卷紧后呈螺旋状，为碧螺春等高档卷曲形绿茶之造型。
（3）雀舌：细嫩芽头略扁，形似小鸟舌头。
（4）兰花形：一芽二叶自然舒展，形似兰花。
（5）凤羽形：芽叶有夹角，形似燕尾。
（6）黄头：叶质较老，颗粒粗松，色泽露黄。
（7）圆头：条形茶中结成圆块的茶，为条形茶中加工有缺陷的干茶的外形特征。
（8）扁削：扁平而尖锋显露，扁茶边缘如刀削过一样齐整，不起丝毫皱折，多为高档扁形茶的外形特征。
（9）尖削：芽尖如剑锋。
（10）光滑：茶条表面平洁油滑，光润发亮。
（11）折叠：形状不平，呈皱褶状。
（12）紧条：扁形茶长宽比不当，宽度明显小于正常值。
（13）狭长条：扁形茶扁条过窄、过长。
（14）宽条：扁形茶长宽比不当，宽度明显大于正常值。
（15）宽皱：扁形茶扁条折皱而宽松。
（16）浑条：扁形茶的茶条不扁而呈浑圆状。
（17）扁瘪：叶质瘦薄，扁而瘪。
（18）细直：细紧圆直，形似松针。
（19）茸毫密布、茸毫披覆：芽叶茸毫密密地覆盖着茶条，为高档碧螺春等多茸毫绿茶之外形。
（20）茸毫遍布：芽叶茸毫遮掩茶条，但覆盖程度低于密布。
（21）脱毫：茸毫脱离芽叶，为碧螺春等多茸毫绿茶加工中有缺陷的干茶的外形特征。

（二）干茶色泽

（1）嫩绿：浅绿嫩黄，富有光泽，为高档绿茶干茶、汤色和叶底的色泽特征。
（2）鲜绿豆色：深翠绿，似新鲜绿豆色，为恩施玉露等细嫩型蒸青绿茶的色泽特征。
（3）深绿：绿色较深。

（4）绿润：色绿，富有光泽。

（5）银绿：白色茸毛遮掩下的茶条，银色中透出嫩绿的色泽，为茸毛显露的高档绿茶的色泽特征。

（6）糙米色：色泽嫩绿微黄，光泽度好，为高档狮峰龙井茶的色泽特征。

（7）黄绿：以绿为主，绿中带黄。

（8）绿黄：以黄为主，黄中泛绿。

（9）灰绿：叶面色泽绿而稍带灰白色。

（10）翠绿：绿中显青翠。

（11）墨绿、乌绿、苍绿：色泽浓绿，泛乌而有光泽。

（12）起霜：茶条表面带灰白色、有光泽。

（13）露黄：面张含有少量黄朴、片及黄条。

（14）灰黄：色黄带灰。

（15）枯黄：色黄而枯燥。

（16）灰暗：色深暗带死灰色。

（三）汤色

（1）绿艳：汤色鲜艳，翠绿而微黄，清澈鲜亮。

（2）碧绿：绿中带翠，清澈鲜艳。

（3）浅绿：绿色较淡，清澈明亮。

（4）杏绿：浅绿微黄，清澈明亮。

（5）黄绿：以绿为主，绿中带黄。

（6）绿黄：以黄为主，黄中泛绿。

（四）香气

（1）鲜爽：香气新鲜愉悦。

（2）嫩香：嫩茶所特有的愉悦细腻的香气。

（3）鲜嫩：鲜爽带嚜香。

（4）清香：清新纯净，清香高而持久。

（5）清高：清香鲜爽。

（6）清鲜：清香鲜爽。

（7）板栗香：似熟栗子香。

（8）纯正：茶香纯净正常。

（9）平正：茶香平淡，无异杂气。

（10）青气：带有青草或青叶气息。

（五）滋味

（1）浓：内含物丰富，收敛性强。
（2）厚：内含物丰富，有黏稠感。
（3）醇：浓淡适中，口感柔和。
（4）滑：茶汤入口和吞咽后顺滑，无粗糙感。
（5）回甘：茶汤饮后，舌根和喉部有甜感，并有滋润的感觉。
（6）浓厚：入口浓，收敛性强，回味有黏稠感。
（7）醇厚：入口爽适味有黏稠感。
（8）浓醇：入口浓，有收敛性，回味爽适。
（9）甘鲜：鲜洁有回甘。
（10）鲜醇：鲜洁醇爽。
（11）醇爽：醇而鲜爽。
（12）清醇：茶汤入口爽适，清爽柔和。
（13）醇正：浓度适当，正常无异味。
（14）醇和：醇而和淡。
（15）平和：茶味和淡，无粗味。
（16）淡薄：茶汤内含物少，无杂味。
（17）浊：口感不顺，茶汤中似有胶状悬浮物或有杂质。
（18）涩：茶汤入口后，有厚舌阻滞的感觉。
（19）苦：茶汤入口有苦味，回味仍苦。
（20）粗味：粗糙滞钝，带木质味。
（21）青涩：涩而带有生青味。
（22）青味：青草气味。
（23）熟闷味：茶汤入口不爽，带有蒸熟或焖熟味。
（24）淡水味：茶汤浓度感不足，淡薄如水。

（六）叶底

（1）细嫩：芽头多或叶子细小嫩软。
（2）肥嫩：芽头肥壮，叶质柔软厚实。
（3）柔嫩：嫩而柔软。
（4）柔软：手按如绵，按后伏贴盘底。
（5）靛青、靛蓝：夹杂蓝绿色芽叶，为紫芽种或部分夏秋茶的叶底特征。
（6）红梗红叶：茎叶泛红，为绿茶品质弊病。

第二节 绿茶主题审评实验设计

一、实验目的

掌握绿茶审评方法，认识不同绿茶的品质特征，熟悉绿茶审评术语。

二、绿茶主题审评方案设计与仪器设备

（一）绿茶主题审评实验设计方案

（1）根据杀青与干燥方式的不同的炒青、烘青、蒸青、晒青的代表名茶。可参考图3-16和表3-5。

图3-16 不同类型绿茶（炒青、烘青、蒸青、晒青）的代表名茶

表 3-5 不同绿茶（炒青、烘青、蒸青、晒青）的代表名茶品质特征

序号	外形	汤色	香气	滋味	叶底
1. 龙井	扁平光滑尚润、挺直、嫩绿尚鲜润，匀整有锋、洁净	嫩绿明亮	清香尚持久	鲜醇爽口	细嫩成朵，嫩绿明亮
2. 径山茶	条索卷曲，绿润	嫩绿明亮	清香持久	鲜醇爽口	细嫩成朵，嫩绿明亮
3. 碧螺春	尚纤细、卷曲呈螺、白毫披覆、银绿隐翠，匀整、匀净	黄绿亮	嫩爽清香	鲜醇	嫩、绿明亮
4. 蒙顶甘露	细紧匀卷、细嫩显毫，嫩绿油润，净	杏绿鲜亮	嫩香持久	鲜爽回甘	嫩黄匀亮
5. 信阳毛尖	圆尚直尚紧细，绿润有白毫，较匀整，净	绿明亮	栗香或清香	醇厚	绿尚亮尚匀整
6. 竹叶青	茶芽扁平尖削，绿润	绿明亮	清香	浓厚	绿亮
7. 涌溪火青	圆形重实，墨绿润	黄绿亮	清香浓	浓厚	绿尚亮
8. 安吉白茶	条直有芽，匀整，色嫩绿泛玉色，无梗、朴、黄片	尚嫩绿明亮	清香	醇厚	叶白脉翠，一芽二叶成朵，匀整
9. 黄山毛峰	芽头较肥壮，较匀齐，形似雀舌，毫显，嫩绿润	嫩绿清澈明亮	嫩香高长	鲜醇爽	嫩黄，明亮
10. 太平猴魁	扁平重实，两叶抱一芽，匀整，毫隐不显，苍绿较匀润，部分主脉暗红	嫩黄绿明亮	清高	鲜爽回甘	嫩匀，成朵，黄绿明亮
11. 六安瓜片	瓜子形或条形、尚匀整、色绿上霜	黄绿、明亮	栗香、持久	浓厚	黄绿、明亮
12. 恩施玉露	针型，墨绿润，略显白毫	绿亮	嫩香高长	浓厚	黄绿明亮
13. 晒青绿茶	肥壮紧结显毫	绿润	匀整	有嫩茎	黄绿明亮

（2）不同等级的龙井茶。可参考图3-17和表3-6。

图 3-17 不同等级龙井茶

表 3-6　不同等级龙井茶品质特点（GB/T 18650—2008）

序号	外形	汤色	香气	滋味	叶底
1. 特级龙井	扁平光滑、挺直尖削、嫩绿鲜润、匀净	嫩绿鲜明、清澈	清香持久	鲜醇甘爽	芽叶细嫩成朵，匀齐，嫩绿明亮
2. 一级龙井	扁平光滑尚润、挺直、嫩绿尚鲜润，匀整有锋、洁净	嫩绿明亮	清香尚持久	鲜醇爽口	细嫩成朵，嫩绿明亮
3. 二级龙井	扁平挺直、尚光滑，绿润，匀整、尚洁净	绿明亮	清香	尚鲜	尚细嫩成朵，绿明亮
4. 三级龙井	扁平、尚光滑、尚挺直，尚绿润、尚匀整、尚洁净	尚绿明亮	尚清香	尚醇	尚成朵，有嫩单片，浅绿尚明亮
5. 四级龙井	扁平、稍有宽扁条，绿稍深，尚匀，稍有青黄片	黄绿明亮	纯正	尚醇	尚嫩匀稍有青张，尚绿明
6. 五级龙井	尚扁平、有宽扁条，深绿较暗，尚整，有青壳碎片	黄绿	平和	尚纯正	尚嫩欠匀，稍有青张，绿稍深

（3）不同等级的黄山毛峰茶。可参考图3-18和表3-7。

图 3-18　各级黄山毛峰茶

表 3-7　黄山毛峰茶的感官品质标准要求（GB/T 19460—2008）

级别	外形	汤色	香气	滋味	叶底
特级一等	芽头肥壮，匀齐，形似雀舌，毫显，嫩绿泛象牙色，有金黄片	嫩绿清澈鲜亮	嫩香馥郁持久	鲜醇爽回甘	嫩黄，匀亮鲜活
特级二等	芽头较肥壮，较匀齐，形似雀舌，毫显，嫩绿润	嫩绿清澈明亮	嫩香高长	鲜醇爽	嫩黄，明亮
特级三等	芽头尚肥壮，较匀齐，毫显，嫩绿润	嫩绿明亮	嫩香	较鲜醇爽	嫩黄，明亮
一级	朵形，芽叶肥壮，较匀齐，显毫，嫩绿润	嫩黄绿亮	清香	鲜醇	较嫩匀，黄绿亮
二级	芽叶较肥嫩，较匀整，显毫，条稍弯，绿润	黄绿亮	清香	醇厚	尚嫩匀，黄绿亮
三级	芽叶尚肥嫩，条略卷，尚匀，尚绿润	黄绿尚亮	清香	尚醇厚	尚匀，黄绿

（1）不同等级的晒青茶。可参考图 3-19 和表 3-8。

图 3-19　不同等级晒青茶

表 3-8 晒青茶的感官品质标准要求（GB/T 22111—2008）

级别	外形				内质			
	形状	色泽	整碎	净度	汤色	香气	滋味	叶底
特级	肥嫩紧结芽毫显	绿润	匀整	稍有嫩茎	黄绿清净	清香浓郁	浓醇回甘	柔嫩显芽
二级	肥壮紧结显毫	绿润	匀整	有嫩茎	黄绿明亮	清香尚浓	浓厚	嫩匀
四级	紧结	墨绿润泽	尚匀整	稍有梗片	绿黄	清香	醇厚	肥厚
六级	紧实	深绿	尚匀整	有梗片	绿黄	纯正	醇和	肥壮
八级	粗实	黄绿	尚匀整	梗片稍多	绿黄稍浊	平和	平和	粗壮
十级	粗松	黄褐	欠匀整	梗片较多	黄浊	粗老	粗淡	粗老

（二）实验设备

干评台、湿评台、样茶盘、茶样秤、审评杯碗、叶底盘、品茗杯、茶匙、砂时计或计时钟、电热壶、吐茶筒等。

三、实验方法与步骤

（1）正确选配绿茶的审评器具，按要求烫杯，摆放。
（2）对外形（形状、色泽、匀度、净度）审评，记录干评结果。
（3）扦样 3 g，按顺序冲泡，计时 4 min，出汤，观汤色，嗅香气，尝滋味，评叶底，结果记录。
（4）选取一款代表样，用玻璃杯或盖碗进行日常冲泡，与审评法对比，感受品质异同。
（5）清洗器具并归位。
（6）完成实验报告。

第三节 绿茶茶品冲泡品鉴（以西湖龙井为例）

一、实验背景

西湖龙井茶，很多老茶客嘴里总会经常提起"狮、龙、云、虎、梅"。他们所说的"狮、龙、云、虎、梅"，一般都是指西湖龙井茶的五大核心产地。其实，这五个字就是西湖龙井的"老字号"。西湖龙井茶已有1 000多年的历史,因产于杭州西湖龙井村周围群山而得名,是我国绿茶中的珍品,位居中国名茶之首。早在北宋时龙井茶就已被列为贡品,明清时期龙井茶不仅享有盛誉,更是西湖山水和文化的载体,乾隆四次游览龙井茶区,品茶赋诗,并将龙井狮峰山下十八棵茶树封为"御茶"。古人曾以"院外风荷西子笑,明前龙井女儿红"来比喻龙井的绝妙。林逋也曾写下"白云峰下两枪新,腻绿长鲜谷雨春"来赞美龙井茶。阳春三月,万物生长,品上一杯西湖龙井茶,芳香馥郁、鲜醇甘爽,仿佛感受到杭城春的气息。

二、实验目的

（1）能根据宾客的需求,准备符合标准品质要求的龙井茶。
（2）能根据西湖龙井的品质特征,选择合适的冲泡用水和器具。
（3）能运用适合的冲泡方法,为宾客冲泡西湖龙井。
（4）能为宾客冲泡均衡、层次感好、温度适宜的茶汤。

三、实验方案设计与冲泡流程

要泡好一杯茶,需要工夫,其次是练出来的感觉。要做到茶、水、器、境、艺、人六美荟萃,才能相得益彰。享受一杯好茶的乐趣。茶师要有判断茶品质的水平,会择水"轻清甘活冽洁",能布置合适的席,选择合适的器具,综合把握茶水比、泡茶的时间和次数、人数等。明代张源《茶录》："饮茶以客少为贵,客众则喧,喧则雅趣乏矣。独啜曰幽,二客曰胜,三四曰趣,五六曰泛,七八曰施。"

一般来说,龙井茶冲泡品鉴可以选择玻璃杯下投法、盖碗法、盖碗茶汤分离法、碗泡法等。详见图3-20—图3-24。玻璃杯下投法是比较简便的方法,比较适合茶馆服务的场合。盖碗法,起源于四川的盖碗茶,品味时可以更好地感受香气。碗泡法,是传统与创新的结合,比较适合绿茶的茶艺表演。本次实验采用盖碗分汤法。

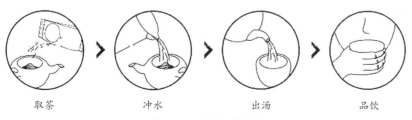

取茶　冲水　出汤　品饮

图3-20　泡茶主要流程

图 3-21 玻璃杯下投法

图 3-22 盖碗茶汤分离法

图 3-23 盖碗法

图 3-24 碗泡法

（一）茶水比

西湖龙井茶水分离式的冲泡方法，茶水比例为 1∶50，即 200 mL 的盖碗 8 分满的情况下，放入 3.5 g 左右的茶叶。这样的茶水比例冲泡出来的茶汤，浓淡符合多数人的品饮习惯。

（二）冲泡流程

布席，茶客入席，赏茶，温公道杯，凉汤，温盖碗，置茶，浸润泡同时温杯，三道冲泡（第一道出汤，分茶，奉茶，品茗。第二道出汤，分茶，品茗。第三道出汤，分茶，品茗），收具谢礼。详见图 3-25—图 3-52。绿茶冲泡流程示意图见图 3-53。

盖碗茶汤分离法是生活茶艺比较常用的，一般出三道汤，第一道汤与第二道汤泡茶基本相同（泡茶水温在 80—85℃，闷泡时长为 50 s 左右出汤），第三道汤（泡茶水温基本 85℃以上，闷泡时长为 50 s 左右出汤），第二道与第三道的茶汤相比第一道而言鲜爽度会有所降低，但滋味的浓度相对会比较强一些。总体要求三泡茶汤均衡度、层次感好，温度适宜。这种方法可以品鉴茶汤内质的层次感，感受每一道茶汤的细微变化。具体步骤如下：

（1）茶客入席：待茶客入席，主人向茶客行鞠躬礼，行礼尺度为上身往前倾斜 45 度，同时茶客回礼，行礼尺度为上身向前倾斜近 15 度，如图所 3-27 和图 3-28 所示。

（2）赏茶：茶叶放入茶荷，双手端茶荷，放至宾客右侧，行伸掌礼请宾客鉴赏干茶，在鉴赏同时介绍西湖龙井茶的品级、产地和主要特点，干茶外形扁平光滑、挺直尖削，颜色翠绿匀整，如图 3-29 和图 3-30 所示。

（3）温公道杯：取刚煮开的热水，沿公道杯外圈至内逆时针旋转三圈至盖碗 1/2 处收水，右手端盖碗，左手托住盖碗底部，由内往外逆时针旋转一圈，将公道杯的热水倒入品茗杯，如图 3-31—图 3-33 所示。

（4）凉汤：冲泡特级西湖龙井茶时，将水温控制在 80—85℃，选择敞开的公道杯先将煮开的水凉至适合温度，水量根据品杯数量和盖碗容量而定，如图 3-34 所示。

（5）温盖碗：取刚煮开的热水，沿盖碗碗沿注入盖碗 2/3 处，右手端盖碗，左手托住盖碗底部，由内往外逆时针旋转一圈，盖碗左下角适当开一缝隙，将温盖碗的热水倒入水盂，如图 3-35 和图 3-36 所示。

（6）置茶：西湖龙井茶水分离式的冲泡法，茶水比例为 1∶50，即 200 ml 的玻璃盖碗 8 分满的情况下，放入约 3.5 g 的茶叶。这样的茶水比例冲泡出来的茶汤，浓淡符合多数人的品饮习惯。左手拿茶荷，右手持茶匙，置于盖碗之上将茶荷中的茶叶有序的拨入盖碗中，如图 3-37 所示。

（7）浸润泡：浸润泡的水温可以略高于冲泡的水温，这样可以更好的展现出茶叶的香气，将水温控制在 90℃左右，采用"回旋斟水法"向杯中倒入少许的水，水量没过茶叶即可，通过晃动杯身，让杯中的干茶充分吸收水分后舒展开来，此步骤称之为"浸润泡"。"浸润泡"可以避免冲泡时大量干茶无法充分泡开，漂浮于水面上的情况。"浸润泡"为后续的冲泡打下基础。注水的方式为右手持提梁壶，从杯口 3 点钟位置，回旋注入少量热水，以没过茶叶为宜，如图 3-38 所示。摇香的动作要领是，双手拿起玻璃盖碗，逆时针方向旋转碗身 3 圈，让茶叶充分吸收水分，使芽叶舒展香气散发，如图 3-39 所示。

（8）冲泡、温杯：用公道杯内预先凉好的水注入盖碗，水温控制在 80℃左右，从盖碗的 3 点钟位置注入，逆时针方向　圈，回到 3 点钟的位置停顿待水注完后将公道杯复位，如图 3-40 所示。冲泡需要有等待的时间，第 1 道茶汤闷泡时长为 50 s，利用这个等待的时间进行温杯，右手拿起品杯，左手托住杯子底部，由内往外逆时针旋转一圈复位，将品杯内的热水倒入水盂，如图 3-41 所示。

（9）出汤：闷泡 50 s 后将茶汤沥出至公道杯内，盖碗的盖子往左开一道缝隙，右手手指放置在盖钮上方，中指和大拇指那住盖碗的凹陷处，中指在盖碗圆的 1 点钟的位置，大拇指在盖碗圆的 7 点钟的位置，单手拿起盖碗沥出茶汤，如图 3-42 和图 3-43 所示。

（10）分茶：沥完茶汤后盖碗复位，沥出茶汤后盖碗盖子是否需要打开，根据茶叶的品质老嫩度和水温的高低以及天气的冷暖，若冲泡的水温掌握到位，盖碗的盖子无需打开。分茶时右手取公道杯，将公道杯内沥出的茶汤依次均匀地分到每一只品茗杯中，每一杯分 7 分满，如图 3-44 和图 3-45 所示。

（11）品茗：双手端起杯托至身前，左手单手端杯托，右手以三龙护鼎的方式持杯，先闻茶香，西湖龙井茶香气如兰，沁人心脾，再观汤色，汤色嫩绿清澈明亮，后品滋味，滋味鲜醇甘爽，顺滑柔软，如图 3-48 所示。

图 3-25　布席　　　图 3-26　茶席局部　　　图 3-27　行礼鞠躬　　　图 3-28　回礼鞠躬

图 3-29　赏茶　　　图 3-30　请宾客赏茶　　图 3-31　往公道杯注入热水　　图 3-32　温公道杯

图 3-33　温公道杯的水注入品茗杯　　图 3-34　公道杯内注入开水凉至 85℃左右　　图 3-35　温盖碗（注水至盖碗 2/3）　　图 3-36　弃水至水盂

图 3-37　置茶　　　图 3-38　浸润泡（水量没过茶叶即可）　　　图 3-39　摇香　　　图 3-40　冲泡

图 3-41　温杯　　　图 3-42　拿捏盖碗　　　图 3-43　出汤（50 s）　　　图 3-44　分汤

图 3-45　第一道茶汤（7 分满）　　图 3-46　奉茶　　图 3-47　奉茶回礼　　图 3-48　品茗（闻香、观色、尝滋味）

图 3-49　第二道茶汤（方法和第一道基本一样）　　图 3-50　第三道茶汤（85℃以上，50 s）　　图 3-51　收具　　图 3-52　谢礼

（12）二次注水冲泡：注水的方式右手持提梁壶，从盖碗口3点钟位置出水沿着盖碗的圆逆时针方向一圈，回到3点钟的位置略拉高水柱待盖碗内的水量到2/3处时，将水柱往下压再沿着盖碗的圆逆时针一圈收水。第二道茶冲泡时无需再凉开水，待第二次冲泡时提梁壶内的水温基本达90℃左右可以直接注水入盖碗内冲泡，可以比较好的把控第二道茶汤和第一道茶汤风味的平衡性，第二道茶汤的闷泡时长为50 s出汤，如图3-49所示。

（13）品茗：第二道的茶汤相比第一道而言鲜爽度会有所降低，但滋味的层次感会比较好一些。

（14）三次注水冲泡：注水的方式右手持提梁壶，从盖碗口3点钟位置出水沿着盖碗的圆逆时针方向一圈，与第二道冲泡一样。第三道茶冲泡时无需再凉开水，如果气温比较低的情况也可以将提梁壶的谁复烧加热保持水温，第三次冲泡时的水温基本85℃以上，把控好三道茶汤风味的平衡性，第三道茶汤的闷泡时长为50 s出汤，如图3-50所示。

（15）品茗：第三道的厚度、鲜爽度都会有所降低，但滋味的层次感和回甘还是可以保持的比较好。

（16）收具谢礼：茶客品茗结束时，将茶客面前的品茗杯复位，再应热情地向客行礼道别。当客人离开后，整理茶桌，按先出后撤的原则，撤去主、辅泡具，如图3-51和图3-52所示。

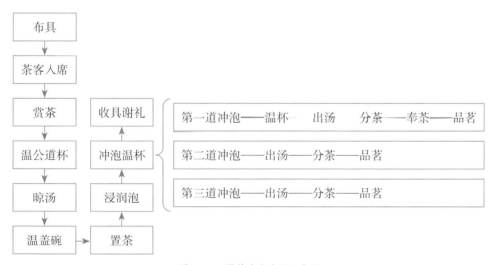

图3-53 绿茶冲泡流程示意图

四、实验材料与泡茶器具

（一）实验材料

符合标准品质的西湖龙井茶。

（二）泡茶器具选配

布席、布具要根据所冲泡茶叶的特点，配备合适的器皿，才能在冲泡过程中呈现出茶的最佳品质，这是泡茶的前提条件。所备器具在式样、材质、大小方面要做到适用，茶席的色彩符合季节性的特点，与西湖龙井茶的品质特征相符合，具有春天的气息。本次实验西湖龙井茶盖碗分汤法的茶具选配参考见表3-9。

表3-9 西湖龙井茶盖碗分汤法茶具选配

种类	设备名称	技术规格	数量
主茶具	玻璃盖碗	容量：200 mL	1
	玻璃公道杯	容量：230 mL	1
	玻璃品茗杯	容量：50 mL	3
辅茶具	不锈钢电烧水壶	容量：600 mL	1
	亚克力壶承	方形：长15 cm 宽15 cm 高5 cm	1
	玻璃茶荷	长：10 cm 宽：8 cm	1
	茶匙	长：19 cm	1
	玻璃水盂	容量：500 mL	1
	玻璃盖置	高：4 cm	1
	杯垫	圆形直径：7 cm	3
	茶巾（茶色）	长：30 cm 宽：30 cm	1
	茶匙架（银）	长：40 cm	1
	棉麻茶席（米白色、鹅黄色、草绿色）	长：180 cm 宽：20 cm	3

五、茶客的品后感

在茶师注水冲泡时，看到龙井干茶扁平的身段在水中渐次舒展，色泽愈发鲜活。龙井干茶细嫩、明亮，显得生机盎然，在品第二、三道时，茶汤亦渐入佳境。茶汤稠稠的，表面仿佛有油感，是内含物质极为丰富的表现，倒入品茗杯中看，则更加明显。茶已经品完，意犹未尽。

习 题

1. 按照杀青与造型工艺不同，介绍绿茶的主要分类及各类代表名茶的品质特征。
2. 将本次审评实验的实物样的品质特征与绿茶标准文件品质术语进行对比。

3. 请结合本次绿茶主题审评实验，谈谈你喜欢哪一款绿茶，并分析口感形成的影响因素，如何挖掘这些茶叶的亮点进行产品设计与市场营销。

4. 请结合绿茶相关知识点，设计一个绿茶主题审评方案。（需图文并茂）

5. 请结合本次龙井茶冲泡实验，谈谈你品饮龙井茶的感受，并设计一款绿茶的生活茶艺方案。（需图文并茂）

第四章　黄茶审评

学习目标

1. 了解黄茶的定义、产区分布、分类、工艺流程、审评要点、审评术语等；
2. 掌握黄茶审评方法与黄茶主题审评设计；
3. 熟悉黄茶日常品饮方法要领。

本章摘要

黄茶为我国六大基本茶类之一，其历史悠久，产地多元，品类丰富，品质各异。黄茶的品类一般按照鲜叶老嫩进行划分，可分为黄芽茶、黄小茶和黄大茶三种。重点要了解闷黄工艺带来的品质特点，以及不同类型的黄茶品质特点。掌握黄茶审评方法与黄茶主题审评设计，熟悉黄茶日常品饮方法要领。

关键词

黄茶；闷黄；蒙顶黄芽；品质特点；清甜柔和

第一节　黄茶概况

一、黄茶概况

黄茶（Yellow Tea），根据现行国家标准《黄茶》（GB/T 21726—2018），是以茶树的芽、叶、茎为原料，经摊青、杀青、揉捻（做形）、闷黄、干燥、精制或蒸压成型的特定工艺制成的产品。

黄茶为我国六大基本茶类之一，其历史悠久，产地多源，品类丰富，品质各异。黄茶的产区主要分布在安徽、湖南、湖北、四川、广东、贵州等地。详见图4-1—图4-3。

图4-1　黄茶产区图

图4-2　黄茶产区图

图4-3　黄茶产区图

图4-4　黄芽茶代表产品

二、黄茶的分类

黄茶属于地域性特色产品，黄茶具"黄汤黄叶"的特征，其品类依据产地品种、采制传统、产销历史，以及产品外形和内质的特征来划分。黄茶的品类一般按照鲜叶老嫩进行划分，可分为黄芽茶、黄小茶和黄大茶三种。嫩度是决定黄茶品质的基本条件。随着黄茶产销的发展，各产区黄茶品类及产品更加丰富，紧压型黄茶产品也得到恢复与发展。详见图4-4、图4-5和表4-1。

图4-5　黄茶代表产品（君山银针、蒙顶黄芽、沩山毛尖、霍山黄大茶、紧压黄茶）

表 4-1　黄茶类型

类型	代表茶	品质特点
黄芽茶	可分为银针和黄芽两种，前者为君山银针，后者为蒙顶黄芽，莫干黄芽等	君山银针：产于湖南岳阳洞庭湖中的君山。君山银针由未展开的肥嫩芽头制成。外形芽头肥壮挺直匀齐、满披白色茸毛，色泽金黄光亮，称"金镶玉"，香气清鲜，汤色浅黄，滋味甜爽，叶底柔软。 蒙顶黄芽：产于四川名山县，鲜叶采摘标准为一芽一叶初展。外形芽叶整齐，形状扁直，肥嫩多毫，色泽金黄，内质香气清纯，汤色黄亮，滋味甘醇，叶底嫩匀、黄绿明亮
黄小茶	黄小茶的鲜叶采摘标准为一芽二叶。有湖南的沩山毛尖和北港毛尖，湖北的远安鹿苑茶，浙江的平阳黄汤等	沩山毛尖：产于湖南宁乡县沩山。外形叶边微卷成条块状、金毫显露，色泽嫩黄油润，香气有浓厚的松烟香，汤色杏黄明亮，滋味甜醇爽口，叶底芽叶肥厚。"松烟香"是因为烘焙采用了"烟熏"工序 平阳黄汤：产于浙江泰顺县及苍南县，外形条索紧结匀整，锋毫显露，色泽绿中带黄油润，内质香高持久，汤色浅黄明亮，滋味甘醇，叶底匀整黄明亮
黄大茶	黄大茶的鲜叶采摘标准为一芽三四叶或一芽四五叶。产量较多，主要有安徽霍山黄大茶和广东大叶青	霍山黄大茶：鲜叶为一芽四五叶。初制为杀青与揉捻、初烘、堆积、烘焙等过程。堆积时间较长（5—7天），烘焙火功较足；下烘后趁热踩篓包装，是形成霍山黄大茶品质特征的主要原因。外形叶大梗长，梗叶相连，色泽金黄鲜润。内质香气，有突出的高爽焦香，似锅巴香，汤色深黄明亮，滋味浓厚，耐冲泡，叶底黄亮
紧压型黄茶	岳阳、雅安、平阳、泰顺、广东等地的紧压黄茶	砖形、饼形、条形及多种规格，具有紧实、光滑，汤色橙黄明亮，滋味浓醇的品质特征

三、黄茶的制作工艺

黄茶初制基本与绿茶相似，由于在干燥前后增加一道"闷黄"工序，从而促使多酚类进行部分自动氧化，使酯型儿茶素大量减少，从而使茶叶发生"黄变"，伴随"黄变"促使"转味"，进一步形成了黄茶"黄叶黄汤"，"清锐甜纯、醇厚甘爽"的品质特征。

采用多次"闷黄"，逐步"黄变"，并配合运用选料、摊放、杀青、烘炒及干燥等加工技艺，形成了各产区黄茶的地域品质特征。这些黄茶制作技法的灵活运用及优化组合，在不同产地的黄茶加工中得到充分发挥，故而形成了各产区黄茶品质的地域特征。黄茶制作工艺见图 4-6—图 4-9。

1. **鲜叶原料**

黄茶制作应选取叶色浅绿或黄绿色，酶活性适中的鲜叶原料，如某些适制绿茶品种的酶活性低不利黄变，且制成的黄茶滋味过于苦涩、浓厚，某些黄叶品种看似"三黄"，但制成的黄茶鲜香高甜香弱、滋味淡薄。

2. **摊放**

制黄茶也要重视鲜叶摊放，以促进青草气散发，利于在制茶过程"退青"，以彻底消除生青气味，从而使黄茶与绿茶的口感有本质的区别。

图 4-6　平阳黄汤制作工艺流程图

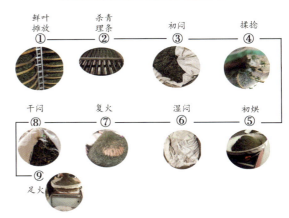

图 4-7　霍山黄芽制作工艺流程图

图 4-8　黄茶闷黄工艺

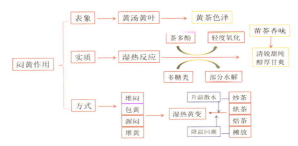

图 4-9　黄茶闷黄的作用

3. 杀青

黄茶制作"杀青"与绿茶相比，锅温偏低、升温缓慢、投叶更多、时间更长，残余酶活性较高，杀青也要促进黄变。

4. 揉捻造型

不同类型的黄茶造型方式不同。

5. 闷黄

黄茶制作"闷黄"是关键工序，其实质是在温和的湿热作用（含残余酶）条件下，使茶多酚类轻度氧化、多糖类部分水解等化学反应；在此过程中，"黄变"仅为表象，"转味"是"实质"，由此奠定了黄茶的品质形成。茶制作的"闷黄"仅仅是一个统称，具体方式有"堆闷""包黄""渥闷""堆黄""摊黄"等手法或称呼，这些手法相通之处都是促进或利于"湿热黄变"。黄茶制作的"闷黄"不只是一道工序，而在不同工序及环节的多次"闷黄"，逐步发生"湿热黄变"；为此，用"炒""烘""焙"等手段加热茶坯及散发水分，以"堆""摊""放"等处理来保温或散热，以"湿坯"或"干坯"等条件来调节水分，都是为了利于"闷黄"及逐步"湿热黄变"，以促进黄茶品质的形成。

6. 足干

某些黄茶制作初干后，还要干坯"闷黄"，黄茶足干除了"提香"之外，更重要的是要彻底消除生青气味，这是使黄茶香味区别于绿茶的重要技术措施及手段。皖西大别山一带所产黄大茶香气独特，有浓烈的老火香（俗称锅巴香），这源于其特殊的高温烘焙干燥工艺——拉老火。传统拉老火时，由两人抬烘笼在炭火上烘焙，边烘边翻，待烘至茶梗一折即断，焦香显露，叶色黄褐起霜即为适度。

黄茶制作是由绿茶工艺制作演变而成的。黄茶"闷黄"是温和条件的"湿热黄变"。"湿热黄变"不仅要"黄汤、黄叶"，更要形成黄茶的"清锐甜醇、醇厚甘爽"的香味特征。

四、黄茶的审评要点

黄茶审评要点与品质评语及评分标准见表4-2和表4-3。

表4-2 黄茶的审评要点

项目	审评要点
形状	具备标准芽形、朵形、细紧、肥直、梗叶连枝的外形类型，忌：碎、弯曲、脱档
干茶色泽	以金镶玉、金黄光亮、褐黄、黄褐、黄青为宜，忌灰暗、杂、爆点、花杂
汤色	以浅黄、杏黄、黄亮、橙黄、深黄为宜，忌暗黄、微红
香气	以嫩香、清甜、清高、清纯、板栗香、锅巴香、高爽焦香鲜甜为宜，忌闷气
滋味	以甜爽、醇爽、鲜醇柔和为好，忌青涩、闷味
叶底	以芽叶肥壮为好 以嫩绿、黄绿、嫩黄绿、鲜绿为好，忌暗张

表4-3 黄茶品质评语与各品质因子评分表

因子	级别	品质特征	给分	评分系数
外形 （a）	甲	细嫩，以单芽到一芽二叶初展为原料，造型美，有特色，色泽嫩黄或金黄，油润，匀整，净度好	90—99	25%
	乙	较细嫩，造型较有特色，色泽褐黄或绿带黄，较油润，尚匀整，净度较好	80—89	
	丙	嫩度稍低，造型特色不明显，色泽暗褐或深黄，欠匀整，净度尚好	70—79	
汤色 （b）	甲	嫩黄明亮	90—99	10%
	乙	尚黄明亮或黄明亮	80—89	
	丙	深黄或绿黄欠亮或浑浊	70—79	
香气 （c）	甲	嫩香或嫩栗香，有甜香	90—99	25%
	乙	高爽，较高爽	80—89	
	丙	尚纯，熟闷，老火	70—79	

续表

因子	级别	品质特征	给分	评分系数
滋味 （d）	甲	醇厚甘爽，醇爽	90—99	30%
	乙	浓厚或尚醇厚，较爽	80—89	
	丙	尚醇或浓涩	70—79	
叶底 （e）	甲	细嫩多芽或嫩厚多芽，嫩黄明亮、匀齐	90—99	10%
	乙	嫩匀有芽，黄明亮，尚匀齐	80—89	
	丙	尚嫩，黄尚明，欠匀齐	70—79	

五、黄茶审评术语

评茶术语是记述茶叶品质感官评定结果的专业性用语，正确理解和运用评茶术语需要一定的专业功底。根据《茶叶感官审评术语》（GB/T 14487—2017），茶类通用审评术语适用于黄茶。此外，黄茶常用的审评术语如下，供评茶时参考。

（一）干茶形状

（1）细紧：条索细长，紧卷完整，有锋苗。
（2）肥直：全芽芽头肥壮挺直，满披茸毛，形状如针。
（3）梗叶连枝：叶大梗长而相连，为霍山黄大茶外形特征。
（4）鱼子泡：干茶有如鱼子大的烫斑。

（二）干茶色泽

（1）金镶玉：专指君山银针。金指芽头呈黄的底色，玉指满披白色的银毫。金镶玉是特级君山银针的特色。
（2）金黄光亮：芽头肥壮，芽色金黄，油润光亮。
（3）嫩黄：叶质柔嫩色浅黄，光泽好。
（4）褐黄：黄中带褐，光泽稍差。
（5）黄褐：褐中带黄。
（6）黄青：青中带黄。

（三）汤色评语

（1）杏黄：浅黄略带绿，清澈明净。
（2）黄亮：黄而明亮。
（3）浅黄：汤色黄较浅、明亮。
（4）深黄：色黄较深，但不暗。

（5）橙黄：黄中微泛红，似橘黄色。

（四）香气评语

（1）清鲜：清香鲜爽，细而持久。
（2）嫩香：清爽细腻，有毫香。
（3）清高：清香高而持久。
（4）清纯：清香纯和。
（5）板栗香：似熟栗子香。
（6）锅巴香：似锅巴的香，为黄大茶的香气特征。

（五）滋味评语

（1）甜爽：爽口而有甜感。
（2）醇爽：醇而可口，回味略甜。
（3）鲜醇：鲜洁爽口，甜醇。

（六）叶底评语

（1）肥嫩：芽头肥壮，叶质厚实。
（2）嫩黄：黄里泛白，叶质柔嫩，明亮度好。
（3）黄亮：亮叶色黄而明亮，按叶色深浅程度不同有浅黄色和深黄色之分。
（4）黄绿：绿中泛黄。

第二节 黄茶主题审评实验设计

一、实验目的

掌握黄茶审评方法，认识不同黄茶的品质特征，熟悉黄茶审评术语。

二、黄茶主题审评方案设计与仪器设备

（一）黄茶主题审评实验设计方案

根据嫩度及加工方式的不同有黄芽茶、黄小茶、黄大茶、紧压黄茶的代表茶。可参考图4-10和表4-4。

图 4-10 不同类型的黄茶代表茶

表 4-4 不同类型的黄茶品质特征,根据《黄茶》(GB/T 21726—2018)

类型	外形				内质			
	形状	色泽	净度	整碎	汤色	香气	滋味	叶底
芽型	针形或雀舌形	嫩黄	净	匀齐	杏黄明亮	清鲜	鲜醇回甘	肥嫩黄亮
芽叶型	条形或扁形或兰花形	黄青	净	较匀齐	黄明亮	清高	醇厚回甘	柔嫩黄亮
多叶型	卷略松	黄褐	有筋梗	尚匀	深黄明亮	纯正,有锅巴香	醇和	尚软黄尚有筋梗
紧压型	规整	褐黄	—	紧实	深黄	醇正	醇和	尚匀

(二)实验设备

干平台、湿平台、样茶盘、茶样秤、审评杯碗、叶底盘、品茗杯、茶匙、砂时计或计时钟、电热壶、吐茶筒等。

三、实验方法与步骤

（1）正确选配黄茶的审评器具，按要求烫杯，摆放。
（2）对外形（形状、色泽、匀度、净度）审评，记录干评结果。
（3）扦样3 g，按顺序冲泡，计时5 min，出汤，观汤色，嗅香气，尝滋味，评叶底，结果记录。
（4）选取一款代表样，用玻璃杯或盖碗进行日常冲泡，与审评法对比，感受品质异同。
（5）清洗器具并归位。
（6）完成实验报告。

第三节　黄茶茶品冲泡品鉴（以蒙顶黄芽为例）

一、实验背景

六大茶类之中的黄茶工艺复杂而独特，产量稀少，弥足珍贵。黄茶的制作工艺与绿茶接近，只是多了一道闷黄的工序，因为闷黄工艺塑造出了分寸感极强的黄茶，其品质特征比绿茶多了一分柔和，鲜爽的品质中又带着独特的清甜特质，香气清锐，具有"干茶显黄、汤色杏黄、叶底嫩黄"的"三黄"特征。中国四大传统黄茶分别是君山银针、蒙顶黄芽、霍山黄芽与平阳黄汤。

二、实验目的

（1）能根据宾客的需求，准备符合标准品质要求的黄茶。
（2）能根据蒙顶黄芽的品质特征，选择合适的冲泡用水和器具。
（3）能运用适合的冲泡方法，为宾客冲泡蒙顶黄芽。
（4）能为宾客冲泡均衡、层次感好、温度适宜的茶汤。

三、实验方案设计

黄茶的品鉴一般可采用玻璃杯或盖碗冲泡。本次实验采用盖碗分汤法。

（一）茶水比

蒙顶黄芽茶水分离泡法，一般茶水比例为1:30，即150 mL的盖碗8分满水位的情况下，放入4 g的茶叶。（可视具体口味调整比例）

（二）冲泡流程

布席，茶客入席，赏茶，温盖碗，置茶，浸润泡同时温杯，三道冲泡（第一道出汤，分茶，奉茶，品茗。第二道出汤，分茶，品茗。第三道出汤，分茶，品茗），收具谢礼。见图4-11—图4-34。黄茶冲泡流程示意图见图4-35。

三道汤，第一道汤（沸水，闷泡时长为30 s左右出汤），第二道汤（沸水，闷泡时长为40 s左右出汤），第三道汤（沸水，闷泡时长为50 s左右出汤），第二道与第三道的茶汤相比第一道而言鲜爽度会有所降低，但滋味的浓度相对会比较强一些。总体要求三泡茶汤均衡度、层次感好，温度适宜。这种方法可以品鉴茶汤内质的层次感，感受每一道茶汤的细微变化。

浸润泡：浸润泡用沸水，这样可以更好地展现出茶叶的香气，采用"回旋斟水法"向杯中倒入少许的水，水量没过茶叶即可，通过晃动壶（杯）身，让壶（杯）中的干茶充分吸收水分而舒展开来，此步骤称之为"浸润泡"，见图4-18。"浸润泡"可以避免冲泡时大量干茶无法充分泡开，漂浮于水面上的情况。"浸润泡"为后续的冲泡打下基础。注水的方式右手持壶（杯），从壶3点钟位置，回旋注入少量热水，以没过茶叶为宜。摇香的动作要领是：双手拿起壶（杯），逆时针方向旋转3圈，让茶叶充分吸收水分，使芽叶舒展香气散发，见图4-19。

冲泡与温杯：提壶注水入盖碗，水温控制在95℃左右，从盖碗的3点钟位置注水，逆时针方向一圈，回到3点钟的位置停顿待水注完后将提梁壶复位，见图4-20。冲泡需要有等待的时间，第一道茶汤闷泡时长40 s，利用这个等待的时间进行温杯，右手拿起品杯，左手托住杯子底部，由内往外逆时针旋转一圈复位，将品杯内的热水倒入水盂，见图4-21。

四、实验材料与泡茶器具

（一）实验材料

符合标准品质的蒙顶黄芽茶。

（二）泡茶器具选配

布席布具要根据所冲泡茶叶的特点，配备合适的器皿，才能在冲泡过程中呈现出茶的最佳品质，这是泡茶的前提条件。所备器具在式样、材质、大小方面要做到适用，茶席的色彩符合黄茶三黄的特点，跟蒙顶黄芽茶的品质特征相符合。本次实验蒙顶黄芽茶盖碗茶汤分离法茶具选配参考见表4-5。

图4-11 布席布具

图4-12 茶席局部

图4-13 入席,彼此行鞠躬礼

图4-14 赏干茶(大致区分品级、产地、形状、色泽)

图4-15 温盖碗

图4-16 温茶海

图4-17 置茶

图4-18 浸润泡(水没过干茶即可)

图4-19 摇香

图4-20 冲泡注水

图4-21 温杯、弃水

图4-22 出汤

图4-23 分茶(茶汤7分满)

图4-24 奉茶

图4-25 第一道茶汤(95℃,30 s)

图4-26 品饮第一道茶汤

图4-27 冲泡第二道

图4-28 出汤

图4-29 分茶

图4-30 第二道茶汤(沸水,40 s)

图4-31 冲泡第三道

图4-32 第三道茶汤(沸水,50 s)

图4-33 收具

图4-34 谢礼

图 4-35 黄茶冲泡流程示意图

表 4-5 蒙顶黄芽盖碗分汤法茶具选配

种类	设备名称	技术规格	数量
主茶具	黄色陶瓷盖碗	容量：150 mL	1
	玻璃公道杯	容量：230 mL	1
	黄色陶瓷品茗杯	容量：45 mL	3
辅茶具	不锈钢电烧水壶	容量：600 mL	1
	锡制壶承	方形：长 16.5 cm 宽 10 cm 高 5.5 cm	1
	竹茶则	长：17 cm 宽：4.5 cm	1
	黑色陶瓷水盂	容量：500 mL	1
	竹盖置	高：4 cm	1
	竹茶匙	长：19 cm	1
	锡杯垫	圆形直径：7 cm	3
	茶巾（茶色）	长：30 cm 宽：30 cm	1
	茶匙架（银）	长：40 cm	1
	棉麻茶席（米白色、卡其色）	长：180 cm 宽：20 cm	3

五、茶客的品后感

当茶芽顺着茶匙倾入盖碗，在盖碗白瓷内壁的映衬之下显得绿中带黄。茶汤透着嫩玉米般的甜香，茶汤入口，既有绿茶的鲜甘，回味却更绵长醇厚。在初秋的午后，阳光洒落窗棂，古琴弦音萦绕，品着这一款黄茶，入口甜润、绵糯，犹如我们平时喝到慢火熬制后醇厚的汤，浓稠而不腻，黄叶黄汤，如同给每个人镀上了一层金色，温暖而又明亮。好像小时候跟在外婆身后，走在成熟的麦田，幸福又欢乐。

习　题

1. 根据嫩度及加工方式的不同,介绍黄茶的主要分类及各类代表名茶的品质特征。

2. 相较绿茶,黄茶的品质特征是什么,是如何形成的?并分析黄茶与白茶、花茶的品质异同点。

3. 将本次审评实验的实物样的品质特征与黄茶标准文件品质术语进行对比。

4. 请结合本次黄茶主题审评实验,谈谈你喜欢哪一款黄茶,并分析口感形成的影响因素,如何挖掘这些茶叶的亮点进行产品设计与市场营销。

5. 请结合黄茶相关知识点,设计一个黄茶主题审评方案。(需图文并茂)

6. 请结合本次蒙顶黄芽茶冲泡实验,谈谈你品饮蒙顶黄芽茶的感受,并设计一款黄茶的生活茶艺方案。(需图文并茂)

第五章 黑茶审评

学习目标

1. 了解黑茶的定义、产区分布、分类、工艺流程、审评要点、审评术语等；
2. 掌握黑茶审评方法与黑茶主题审评设计；
3. 熟悉黑茶日常品饮方法要领。

本章摘要

黑茶为我国六大基本茶类之一，黑茶因产区和工艺上的差别有湖南黑茶、湖北老青茶、四川边茶和滇桂黑茶（普洱茶、六堡茶）之分。重点要了解渥堆工艺带来的品质特点，以及不同类型的黑茶品质特点。掌握黑茶审评方法与黑茶主题审评设计，熟悉黑茶日常品饮方法要领。

关键词

黑茶；渥堆；普洱熟茶；品质特点；陈香；红浓陈醇

第一节 黑茶概况

一、黑茶概况

黑茶（Dark Green Tea），按照《黑茶 第1部分：基本要求》（GB/T 322719.1—2016）规定，黑茶是以茶树鲜叶和嫩梢为原料，经杀青、揉捻、渥堆、干燥等工艺制成的黑毛茶并以此为原料加工的各种精制茶和再加工茶产品。

黑茶是我国特有的茶类,也是我国边疆少数民族生活的必需品,主要产区在云南、湖南、湖北、广西、四川等地。

清光绪年间,一句"茶市斯为最,人烟两岸稠"道出了这里的历史盛况。安化,曾是茶马古道的重要驿站,也是万里茶路的南方起点,从这里源源运出的安化黑茶,漂洋过海,名扬天下,浓郁的安化茶香飘溢在世界的每一个角落。

二、黑茶的分类

黑茶因产区和工艺上的差别有湖南黑茶、湖北老青茶、四川边茶和滇桂黑茶(普洱茶、六堡茶)之分。见图5-1—图5-11和表5-1。传统销区主要是西藏、新疆、内蒙古、青海、甘肃、宁夏、陕西等地区,部分出口蒙古国、俄罗斯、东南亚等国家和地区,自20世纪90年代开始,黑茶的内销也渐渐多起来。由于加工工艺的不同,各产地的黑茶均有自己的品质特点。

图 5-1 安化第一茶厂

图 5-2 黑茶产区安化

图 5-3 黑茶主产区云南

图 5-4 黑茶主产区六堡镇

图 5-5 三尖三砖一花卷

图 5-6 千两茶

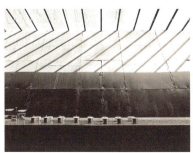

图 5-7 安化茶厂茶叶审评室

图 5-8 金花茯砖（砖内有金黄色霉菌，俗称"金花"，学名冠状散囊菌，金花茂盛，则品质佳）

图 5-9 广西六堡茶

图 5-10 云南普洱散茶与紧压型（熟茶）

图 5-11 云南的烤茶

表 5-1 黑茶类型

类型	代表茶	品质特点
湖南黑茶	湖南黑茶花色品种较多，有"三尖、三砖、一卷"，即天尖、贡尖、生尖；黑砖、茯砖、花砖；花卷茶（千两茶）	三尖：条索紧实、色泽乌润、口感醇爽、具松烟香、滋味醇厚、汤色深黄明亮、叶底匀齐尚嫩 茯砖：分为特制和普通两个品种。特茯砖面色泽黑褐，香气纯正，滋味醇厚，汤色橙黄明亮，叶底黑褐尚匀。普茯砖面色泽黄褐，香气纯正，滋味醇和尚浓，汤色橙黄尚明，叶底黑褐粗老 砖内金黄色霉菌，俗称"金花"，学名冠状散囊菌，金花茂盛，则品质佳。 "千两茶"：以每卷（支）的茶叶净含量合老秤一千两而得名，其外表的篾篓包装成花格状，又名花卷茶
湖北老青茶	老青砖茶，又名洞砖、川字砖，产于湖北省的蒲圻、咸宁、通山、崇阳、通城等县	约在 1890 年前后，由红茶改制老青茶。青毛茶堆积之后成为黑毛茶的压制而成砖，砖面光滑、棱角整齐、色泽青褐、压印纹理清晰；香气纯正，滋味醇和，汤色橙红，叶底暗褐
云南普洱熟茶	分散茶和紧压茶	普洱茶是以云南原产地的大叶种晒青茶及其再加工而成：工艺上分为：未经人工发酵的生普和经人工发酵的熟普。型制上分为：散茶和紧压茶。成品后都还持续进行着自然陈化过程，具有越陈越香的独特品质
广西六堡茶	鲜叶采摘标准为一芽二、三叶至一芽三、四叶，在黑茶中属原料较为细嫩的一种	获得保护的"六堡茶"规定为：选用苍梧县群体种、广西大叶种等适制茶树的芽叶和嫩茎为原料，采用六堡茶初制工艺和六堡茶精制工艺并在梧州市辖区内加工制成的黑茶，包括六堡散茶、茶砖、茶饼等。六堡茶色泽乌褐油润，汤色红浓明亮，滋味甘醇爽滑、香气醇陈、有槟榔香味，叶底红褐

续表

类型	代表茶	品质特点
四川边茶	产于四川省和重庆市境内，因销路不同，分为南路边茶和西路边茶	1. 南路边茶：产于四川的雅安、天全、荥经、宜宾、乐山、达州和重庆市。原料比较粗老，主要是利用茶树的修剪枝。其品质特征为外形卷折成条，如"辣椒形"，色泽棕褐似"猪肝色"；香气尚纯有老茶香，汤色黄红，滋味尚醇，叶底棕褐 2. 西路边茶：产于四川的邛崃、灌县、平武、崇庆、大邑、北川等地。风味与南路边茶相似，但原料较南路边茶更为粗壮

三、黑茶的工艺

黑茶的工艺流程是杀青、揉捻、渥堆、干燥。渥堆是黑茶初制独有的工序，也是黑毛茶色、香、味品质形成的关键工序。由于特殊的加工工艺，使黑毛茶香味醇和不涩，汤色橙黄不绿，叶底黄褐不青。

（一）茯砖压砖工艺

茯砖压砖分为八个工序：称茶—蒸茶—预压—压制—冷却—退砖—修砖—检砖。见图 5-12—图 5-17。

图 5-12　青叶原料

图 5-13　渥堆后的叶子（左边）

图 5-14　茯砖预压

图 5-15　压制

图 5-16 发花的工艺（现代化的控温、控湿、控氧环境下的茯砖发花工艺不受地域限制）

图 5-17 成品

（二）普洱茶（熟茶）工艺

"普洱茶越陈越浓越香"，理论支撑着行业的发展，也成为公认的普洱茶的核心价值。但并不是所有的普洱茶都能够越陈越香，优质的老茶要满足三个条件：优质原料、正确工艺、科学仓储。其中，最关键的环节，便是普洱茶的制作工艺。

茶叶的分类以其制作工艺的差别来进行区分，每种茶类因工艺的不同而产生不同的品质特征。普洱茶是一种后发酵茶，茶叶制成后，在微生物、湿热的作用下，茶叶内质产生变化，从而形成自身独特的品质特征。普洱茶后发酵的本质，是普洱茶不断发生物理变化和化学反应，由此带来的内含物质物理性质和化学成分变化的一系列过程。

熟普的工艺流程为采摘，摊晾，杀青，揉捻，结块，晒干，渥堆，干燥，机械筛分，存储，压制成型，包装。详见图5-18—图5-24。

图 5-18 普洱熟茶加工工艺流程图

图 5-19 普洱茶树（乔木）

图 5-20 鲜叶采摘

图 5-21 摊晾

图 5-22 渥堆

图 5-23 晒干

图 5-24 压饼

四、黑茶（散茶）品质评语与各品质因子评分表

（一）黑茶（散茶）的审评要点与各品质因子评分标准

黑茶（散茶）的审评要点详见表 5-2。

表 5-2 黑茶（散茶）的审评要点

项目	审评要点
形状	普洱茶（熟茶）：外形侧重评条索与色泽，以卷紧、重实、肥壮为好，以粗松轻飘为差 湖南黑茶：以嫩度与条索为主，兼评含杂量、色泽与干香。嫩度看叶质的老嫩、叶尖多少以及下盘茶的比例是否过大，黑茶的嫩度相较其他茶类而言，相对粗老。条索审评松紧、弯直、圆扁、皱平、轻重以条索紧卷、圆直、身骨重为佳，以不成条、松泡、皱折、粗扁、轻飘为次。嗅干茶香，以有火候香或带松烟香为佳，以火候不足或烟气太浓为次，以粗老气或有日晒气、香低或香弱为差，以有沤烂气、霉气为劣 六堡：干茶评松紧与嫩度
干茶色泽	普洱茶（熟茶）：以红褐均匀为好，以发黑花杂为差 湖南黑茶评颜色纯杂及枯润度，以乌黑油润为佳，以黄绿花杂或铁板青色为次 六堡：色泽以黄褐或黑褐光润为佳
干茶匀净度	审评三段茶的比例协调度 审评含梗量、浮叶、片末以及非茶类夹杂物的含量
汤色	普洱茶（熟茶）：以红浓明亮为好，深明次之，以汤色深暗浑浊为差 湖南黑茶：以橙黄、橙红或红黄清澈明亮为佳，以深暗或带混浊为差 六堡：以红浓明亮的汤为佳
香气	普洱茶（熟茶）：以香气纯正浓郁为佳，带酸味及异杂味为差 湖南黑茶：审评香气的高低、纯异以及有无火候香和松烟香。以有火候香和松烟香为佳，以香低、香弱或有日晒气为次，以带酸、馊、霉、焦以及其他异气为差 六堡：审评香气浓淡与高低及陈香是否纯正，审评是否具备自身特点如槟榔香与松烟香等特点
滋味	普洱茶（熟茶）：评浓度、顺滑度及回甘度。有异味为劣质茶 湖南黑茶：审评纯异、浓淡及粗涩程度。以纯正或入口微涩后转甜润为佳，以苦涩或粗淡为次，以带酸、馊、霉、焦等异味为差 六堡：审评其纯异、浓淡，有无陈醇厚滑之感，有无青、涩、馊、霉等不正常的味道
叶底	普洱茶（熟茶）：以柔软、肥嫩、红褐有光泽匀齐为佳，以色泽花杂、暗淡、碳化或泥状为差 湖南黑茶叶底评嫩度和色泽。以叶张开展完整、黄褐无乌暗条为佳，以夹杂红叶、绿叶花边为差 六堡茶叶底嫩度与色泽，色泽黑褐或深褐为正常

黑茶（散茶）品质评语与各品质因子评分表详见表 5-3。

表 5-3 黑茶（散茶）品质评语与各品质因子评分表

因子	级别	品质特征	给分	评分系数
外形（a）	甲	肥硕或壮结，或显毫，形态美，色泽油润，匀整，净度好	90—99	20%
	乙	尚壮结或较紧结，有毫，色泽尚匀润，较匀整，净度较好	80—89	
	丙	壮实或紧实或粗实，尚匀净	70—79	

续表

因子	级别	品质特征	给分	评分系数
汤色	甲	根据后发酵的程度可有红浓、橙红、橙黄色，明亮	90—99	15%
	乙	根据后发酵的程度可有红浓、橙红、橙黄色，尚明亮	80—89	
	丙	红浓暗或深黄或黄绿欠亮或浑浊	70—79	
香气（c）	甲	香气纯正，无杂气味，香高爽	90—99	25%
	乙	香气较高尚纯正，无杂气味	80—89	
	丙	尚纯	70—79	
滋味（d）	甲	醇厚，回味甘爽	90—99	30%
	乙	较醇厚	80—89	
	丙	尚醇	70—79	
叶底（e）	甲	嫩匀多芽，明亮，匀齐	90—99	10%
	乙	尚嫩匀，略有芽，明亮，尚匀齐	80—89	
	丙	尚柔软，尚明，欠匀齐	70—79	

（二）紧压型黑茶审评要点

1. 普洱熟茶紧压茶审评要点

外形审评形状、匀整、松紧、色泽；内质审评汤色、香气、滋味及叶底，以香气、滋味为主，汤色、叶底为辅。①形状。形状分为布袋包压型和模压型两类。布袋包压型审评是否形状端正、无起层落面、边缘圆滑、无脱落；模压型审评是否形态端正、棱角（边缘）分明、厚薄一致、模纹清晰、无起层脱面。②色泽。审评色度深浅、枯润、明暗、鲜陈、匀杂等。③匀整。审评表面是否匀整、光滑，洒面是否均匀。④松紧。审评压制紧实程度。⑤普洱茶（熟茶）紧压茶的内质审评要点同普洱茶（熟茶）散茶。

2. 湖南黑茶审评要点

紧压茶因原料级别、加工工艺及造型的不同，其审评侧重点和方法略有不同，需对照紧压茶实物标准样，先看形状，再评条索、嫩度及净度，兼看质量、含梗量、色泽以及规格是否符合要求。对于分里面茶的黑砖、花砖，其外形审评匀整度、松紧度及洒面状况。匀整度指砖面平整、棱角分明、压模纹理清晰与否；松紧度看大小、厚薄、压紧程度是否符合规格要求；洒面审评包心是否外露、有无起层落面。对于不分里面茶的茯砖，外形审评嫩度、色度，重点看发花程度，如发花是否茂盛、分布均匀以及颗粒大小。

五、黑茶感官审评术语

评茶术语是记述茶叶品质感官评定结果的专业性用语，正确理解和运用评茶术语需要一定的专业功底。根据《茶叶感官审评术语》(GB/T 14487—2017)，茶类通用审评术语适用于黑茶。此外，黑茶常用的审评术语如下。供评茶时参考。

（一）干茶外形术语

（1）泥鳅条：茶条皱折稍松、略扁，形似晒干的泥鳅。

（2）皱折叶：叶片皱折不成条。

（3）宿梗：老化的隔年茶梗。

（4）红梗：表皮棕红色的木质化茶梗。

（5）青梗：表皮青绿色，比红梗较嫩的茶梗。

（6）丝瓜瓤：渥堆过度，复揉过程中叶脉与叶肉分离。

（7）端正：砖身形态完整，砖面平整并棱角分明。

（8）纹理清晰：砖面花纹、商标及文字等标识清晰。

（9）紧度适合：紧压茶压制松紧适度。

（10）起层落面：分里面紧压茶中，里茶翘起并脱落。

（11）包心外露：分里面紧压茶中，里茶露于砖茶表面。

（12）金花茂盛：茯砖茶中金花（冠突散囊菌）茂盛，品质较好。

（13）缺口：砖面或者饼面以及其他形状紧压茶边缘有残缺现象。

（14）龟裂：砖面有裂缝。

（15）烧心：紧压茶中心部分发黑或发红。

（16）断甑：金尖茶中间断开，不成整块。

（17）斧头形：砖身厚薄不一，一端厚、一端薄，形似斧头状。

（二）干茶色泽术语

（1）猪肝色：红而带暗，似猪肝色，为普洱熟茶渥堆适度的干茶色泽。

（2）褐红：红中带褐，为普洱熟茶渥堆正常的干茶色泽，渥堆发酵程度略高于猪肝色。

（3）红褐：褐中带红，为普洱熟茶、陈年六堡茶正常的干茶色泽。

（4）褐黑：黑中带褐，为陈年六堡茶的正常干茶色泽，比黑褐色泽深。

（5）铁黑：色黑如铁，为湘尖的正常干茶色泽。

（6）黑褐：褐中带黑，为黑砖的正常干茶色泽。

（7）青褐：褐中带青，为青砖的正常干茶色泽。

（8）青黑润色：黑中隐青油润，为沱茶的正常干茶色泽。

（9）棕褐：褐中泛棕黄，为康砖的正常干茶色泽。

（10）黄褐：褐中泛黄，为茯砖的正常干茶色泽。

（11）半筒黄：色泽花杂，叶尖黑色，柄端黄黑色。

（12）青黄：黄中泛青，为原料后发酵不足所致。

（三）汤色术语

（1）棕红：红中泛棕，似咖啡色。

（2）棕黄：黄中泛棕。

（3）栗红：红中带深棕色，为陈年普洱生茶正常的汤色。

（4）栗褐：褐中带深棕色，似成熟栗壳色，为普洱熟茶正常的汤色。

（5）紫红：红中泛紫，为陈年六堡茶或普洱茶的汤色。

（6）红褐：褐中泛红。

（7）棕褐：褐中泛棕。

（8）深红：红较深，无光泽。

（9）暗红：红而深暗。

（10）橙红：红中泛橙色。

（11）橙黄：黄中略泛红。

（12）黄明：黄而明亮。

（四）香气术语

（1）陈香：香气陈纯，无霉气。

（2）松烟香：松柴熏焙带有松烟香，为湖南黑毛茶和传统六堡茶的香气。

（3）菌花香：茯砖茶发花生成金花所发出的特殊香气。

（4）粗青气：粗老叶与青叶的气息，由粗老晒青毛茶杀青不足所致。

（5）毛火味：晒青毛茶中带有类似烘炒青绿茶的烘炒香。

（6）堆味：黑茶渥堆发酵产生的气味。

（7）酸馊气：渥堆过度产生的酸馊气。

（8）霉味：霉变的气味。

（9）烟焦气：茶叶焦灼生烟发生的气味，方包茶略带些烟味尚属正常。

（五）滋味术语

（1）陈韵：优质陈年黑茶特有甘滑、醇厚滋味的综合体现。

（2）陈厚：经充分渥堆、陈化后，香气纯正，滋味甘而显果味，多为南路边茶的香味特点。

（3）仓味：普洱茶或六堡茶等后熟陈化工序没有结束或储存不当而产生的杂味。

（4）醇和：味醇而不粗涩、不苦涩。

（5）醇厚：味醇较丰满，茶汤水浸出物较多。

（6）醇浓：有较高浓度，但不强烈。

（7）槟榔味：六堡茶特有的滋味。

（8）陈醇：有陈香味，醇和可口，普洱茶滋味特点。

（六）叶底术语

（1）硬杂：叶质粗老、坚硬多梗，色泽花杂。

（2）薄硬：叶质老、薄而硬。

（3）青褐：褐中带青。

（4）黄褐：褐中带黄。

（5）黄黑：黑中泛黄。

（6）红褐：褐中泛红。

（7）泥滑：嫩叶组织糜烂，由渥堆过度所致。

（8）丝瓜瓤：老叶叶肉糜烂，只剩叶脉，由渥堆过度所致。

第二节　黑茶主题审评实验设计

一、实验目的

掌握黑茶审评方法，认识不同黑茶的品质特征，熟悉黑茶审评术语。

二、黑茶审评主题方案设计与仪器设备

（一）黑茶主题审评实验设计方案

（1）不同产区（湖南黑茶、云南普洱熟茶、广西六堡茶等）的黑茶代表审评，这个主题的设计外加一款生普做比较。详见图5-25和表5-4。

（2）不同等级的六堡茶的审评。详见图5-26和表5-5。

（二）实验设备

干平台、湿平台、样茶盘、茶样秤、审评杯碗、叶底盘、品茗杯、茶匙、砂时计或计时钟、电热壶、吐茶筒等。

图 5-25　黑茶代表主题审评（其中生普用于做比较）

表 5-4　黑茶代表感官品质

级别	外形				内质			
	形状	色泽	整碎	净度	汤色	香气	滋味	叶底
六堡茶	紧细	红褐润显毫	匀整	匀净	红浓	陈香浓郁	陈醇	红褐柔软
茯砖茶	砖形平整	黄褐带金花	匀整	匀净	橙红明亮	陈香	陈醇	黄褐稍硬
熟普	饼面端正	红褐润较显毫	匀整	匀净	红浓明亮	陈香浓厚	浓醇回甘	红褐较嫩
生普	饼面端正	青褐润带毫	匀整	匀净	橙黄明亮	清香浓锐	浓强回甘	黄褐比较嫩

图 5-26　六堡茶等级主题审评

表5-5 六堡茶（散茶）感官品质，根据《黑茶 第4部分：六堡茶》（GB/T 22111—2008）

级别	外形				内质			
	条索	整碎	色泽	净度	香气	滋味	汤色	叶底
特级	紧细	匀整	黑褐、油润	净	陈香纯正	陈、醇厚	深红、明亮	褐、黑褐、细嫩柔软、明亮
一级	紧结	匀整	黑褐、油润	净	陈香纯正	陈、尚醇厚	深红、明亮	褐、黑褐、尚细嫩柔软、明亮
二级	尚紧结	较匀整	黑褐、尚油润	净、稍含嫩茎	陈香纯正	陈、浓醇	尚深红、明亮	褐、黑褐、嫩柔软、明亮
三级	粗实、紧卷	较匀整	黑褐、尚油润	净、有嫩茎	陈香纯正	陈、尚浓醇	红、明亮	褐、黑褐、尚柔软、明亮
四级	粗实	尚匀整	黑褐、尚油润	净、有茎	陈香纯正	陈、醇正	红、明亮	褐、黑褐、稍硬、明亮
五级	粗松	尚匀整	黑褐	尚净、稍有筋梗茎梗	陈香纯正	陈、尚醇正	尚红、尚明亮	褐、黑褐、稍硬、明亮
六级	粗老	尚匀	黑褐	尚净、有筋梗茎梗	陈香尚纯正	陈、尚醇	尚红、尚亮	褐、黑褐、稍硬、尚亮

三、实验方法与步骤

（1）正确选配黑茶的审评器具，按要求烫杯，摆放。

（2）对外形（形状、色泽、匀度、净度）审评，记录干评结果。

（3）黑茶（散茶）（柱形杯审评法）取有代表性茶样3 g或5 g，茶水比（质量体积比）1∶50，置于相应的审评杯中，注满沸水，加盖浸泡2 min，按冲泡次序依次等速将茶汤沥入评茶碗中，审评汤色、嗅杯中叶底香气、尝滋味后，进行第二次冲泡，时间5 min，沥出茶汤依次审评汤色、香气、滋味、叶底。结果汤色以第一泡为主评判，香气、滋味以第二泡为主评判。

（4）选取一款代表样，用盖碗或壶进行日常冲泡，与审评法对比，感受品质异同。

（5）清洗器具并归位。

（6）完成实验报告。

第三节　黑茶茶品冲泡品鉴（以普洱熟茶为例）

一、实验背景

据《本草纲目拾遗》记载："普洱茶味苦性刻，解油腻牛羊毒……苦涩，逐痰下气，刮肠通泄。"普洱熟茶汤色褐红，茶性温和，能暖胃，适当浓度下，醇滑的茶汤进入胃部，还能保护胃黏膜，从而达到养胃、护胃的功效。

普洱熟茶的发酵过程主导力量是"微生物"，云南大叶种晒青毛茶经过"潮水"后渥堆，微生物的活动产生的热，促使茶叶内的物质发生一系列的物理变化和化学反应，因此形成了普洱熟茶的独特风味以及良好品质。发酵过后的普洱熟茶，茶汤滋味醇厚，汤色红褐，陈香木香幽显。熟茶的包容性很强，冲泡方式也多种多样，从崇尚雅致慢生活的休闲一族到"996"的忙碌上班族，都可以找到熟茶的正确打开方式。

二、实验目的

（1）能根据宾客的需求，准备符合标准品质要求的普洱熟茶。
（2）能根据普洱熟茶的品质特征，选择合适的冲泡用水和器具。
（3）能运用适合的冲泡方法，为宾客冲泡普洱熟茶。
（4）能为宾客冲泡均衡、层次感好、温度适宜的茶汤。

三、实验方案设计与冲泡流程

普洱熟茶的品鉴一般可采用盖碗或者壶冲泡。本次实验采用盖碗分汤法。

（一）茶水比

普洱熟茶紫砂壶茶水分离泡法，一般茶水比例为1∶30，即180 mL的8分满水位的情况下，放入5 g的茶叶。（可视具体口味调整比例）

（二）冲泡流程

布席，茶客入席，赏茶，温壶，温茶海，置茶，浸润泡同时温杯，三道冲泡（第一道出汤，分茶，奉茶，品茗。第二道出汤，分茶，品茗。第三道出汤，分茶，品茗），收具，谢礼。详见图5-27—图5-50。黑茶冲泡流程示意图见图5-51。

三道汤，第一道汤（沸水，闷泡时长为20 s左右出汤），第二道汤（沸水，闷泡时长为

图 5-27 布席　　　图 5-28 互相行鞠躬礼　　　图 5-29 赏茶　　　图 5-30 赏干茶（条索紧结肥嫩，乌黑金毫显）

图 5-31 温壶　　　图 5-32 置茶　　　图 5-33 醒茶　　　图 5-34 浸润泡（水没过干茶即可）

图 5-35 摇香　　　图 5-36 冲泡　　　图 5-37 温杯弃水　　　图 5-38 出汤

图 5-39 分茶　　　图 5-40 奉茶（茶汤7分满）　　　图 5-41 第一道茶汤（95℃，30 s）　　　图 5-42 品饮第一道茶汤

图 5-43 冲泡　　　图 5-44 淋壶　　　图 5-45 分茶　　　图 5-46 第二道茶汤（沸水，10 s）

图 5-47 第三道茶汤闷泡（沸水，30 s）　　　图 5-48 第三道茶汤　　　图 5-49 收具　　　图 5-50 谢礼

10 s 左右出汤），第三道汤（沸水，闷泡时长为 30 s 左右出汤），第二道与第三道的茶汤相比第一道而言鲜爽度会有所降低，但滋味的浓度相对会比较强一些。总体要求三泡茶汤均衡度、层次感好，温度适宜。这种方法可以品鉴茶汤内质的层次感，感受每一道茶汤的细微变化。

置茶：左手拿茶荷，右手持茶匙，置于紫砂壶之上将茶荷中的茶叶有序的拨入壶中。详见图 5-32。

醒茶：左手将盖子盖上，右手握住紫砂壶，大拇指和食指在紫砂壶的盖上中指穿过壶把，无名指和小拇指在壶的底部，将壶嘴朝向自己，左手呈半握式手形，以左手的手腹轻轻拍打紫砂壶的壶壁 4—5 下，让在紫砂壶内的茶叶翻动，结束后将紫砂壶复位，以左手将盖子半开，达到去除杂气的作用。详见图 5-33。

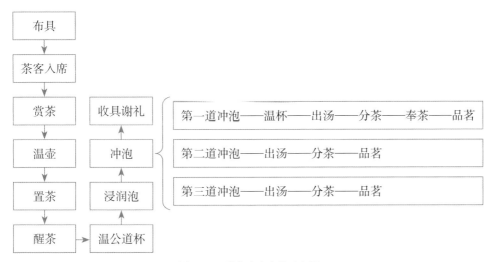

图 5-51　黑茶冲泡流程示意图

四、实验材料与泡茶器具

（一）实验材料

符合标准品质的普洱熟茶。

（二）泡茶器具选配

布席、布具要根据所冲泡茶叶的特点，配备合适的器皿，才能在冲泡过程中呈现出茶的最佳品质，这是泡茶的前提条件。所备器具在式样、材质、大小方面要做到适用，茶席的色彩符合黑茶的特点，与普洱熟茶的品质特征相符合。本次实验普洱熟茶茶汤分离法的茶具选配参考见表 5-6。

表 5-6 普洱熟茶茶汤分离法茶具选配

种类	设备名称	技术规格	数量
主茶具	紫砂壶（紫泥）	容量：180 mL	1
	玻璃公道杯	容量：210 mL	1
	米粒红釉品茗杯	容量：55 mL	3
辅辅茶具	不锈钢电烧水壶	容量：600 mL	1
	紫砂壶承	圆形，直径：19 cm　高：6 cm	1
	玻璃茶荷	长：16 cm　宽：5 cm	1
	陶土水盂	容量：450 mL	1
	竹盖置	高：4 cm	1
	竹茶匙	长：19 cm	1
	锡杯垫（仿古）	圆形，直径：7 cm	3
	茶巾（茶色）	长：30 cm　宽：30 cm	1
	茶匙架（铜）	长：4.5 cm	1
	棉麻茶席（明黄色、咖啡色）	长：180 cm　宽：20 cm	3

五、茶客的品后感

茶客品茶后有感而发：袅袅升腾的茶香，是冬日里最温暖的所在，一杯热茶，一口下去，感觉寒气都散了，心底升腾出一股甜甜的暖意，真是舒服极了。这款熟茶刚柔兼具的风骨，陈香微露还有回甘。看着窗外雪花纷纷扬扬地落下来，一片一片，飘落在树枝上、屋檐上，慢慢地弥漫。如果说，雪是冬天的精灵，那么，茶一定是冬季的使者，在这严寒的冬天给予人们温暖，暖胃又暖心。

习　题

1. 根据产区和工艺上的不同，介绍黑茶的主要分类及各类代表名茶的品质特征。
2. 黑茶的品质特色是什么，是如何形成的？黑茶与黄茶的异同点。
3. 将本次审评实验的实物样的品质特征与黑茶标准文件品质术语进行对比。
4. 请结合本次黑茶主题审评实验，谈谈你喜欢哪一款黑茶，并分析口感形成的影响因素，如何挖掘这些茶叶的亮点进行产品设计与市场营销。
5. 请结合黑茶相关知识点，设计一个黑茶主题审评方案。（需图文并茂）
6. 请结合本次普洱熟茶冲泡实验，谈谈你品饮普洱熟茶的感受，并设计一款黑茶的生活茶艺方案。（需图文并茂）

第六章　白茶审评

> **学习目标**

1. 了解白茶的定义、产区分布、分类、工艺流程、审评要点、审评术语等；
2. 掌握白茶审评方法与白茶主题审评设计；
3. 熟悉白茶日常品饮方法要领。

> **本章摘要**

白茶发源于福建，主要产品有：白毫银针、白牡丹、贡眉、寿眉。白茶品质的成因，包含产区条件、制作工艺、原料嫩度、品种资源、年份等要素。良好的产区条件是白茶优异品质的根本，合理的加工工艺是白茶优异品质的保障，不同的原料嫩度构成产品的基本框架，品种资源是白茶品质的基础，不同的年份构成了白茶品质的特色。本章重点要了解白茶萎凋工艺带来的品质特点，以及不同类型的白茶品质特点。掌握白茶审评方法与白茶主题审评设计，熟悉白茶日常品饮方法要领。

> **关键词**

福建；白茶；萎凋；白毫银针；品质特点；毫香蜜韵；山海仙都；群山环抱

第一节　白茶概况

一、白茶概况

白茶（White Tea），为我国特产茶叶，根据现行国家标准《白茶》（GB/T 22291—2017）

是以茶树的芽、叶、嫩茎为原料，经萎凋、干燥、拣剔等特定工艺过程制成的产品。

世界白茶在中国，中国白茶在福建，福建白茶产地主要分布在福鼎、政和、建阳、松溪等地。详见图6-1—图6-13。福建白茶产量占全国90%以上。近年来，白茶产区逐步扩大，我国云南、贵州、广西等省（自治区）均生产白茶。白茶是指以大白、水仙茶树品种或群体种的芽、叶、嫩茎为原料，经萎凋、干燥、拣剔等特定工序而制成的白茶。白茶以其独特的毫香及鲜醇的清雅品质享誉中外。白茶的产品主要根据品种与嫩度不同进行分类：其一，依据品种不同，白茶产品分为：小白、大白、水仙白；其二，依据嫩度不同，白茶产品分为：白毫银针、白牡丹、贡眉、寿眉。中国白茶有三大经典产品，分别是福鼎白毫银针、政和牡丹王、建阳贡眉。

白茶是福建省外销特种茶之一，主销港澳地区，也销往德国及美国等国家，白毫银针早在1891年已有外销。近年来，国内白茶逐渐兴起，出现白茶热的现象，主要与白茶优异的品质、独特的保健功效、收藏价值的属性以及便捷的品饮方法有关。白茶品质的成因，包含产区条件、制作工艺、原料嫩度、品种资源、年份等要素。良好的产区条件是白茶优异品质的根本，合理的加工工艺是白茶优异品质的保障，不同的原料嫩度构成产品的基本框架，品种资源是白茶品质的基础，不同的年份构成了白茶品质的特色。

图6-1 福鼎茶区（太姥山）

图6-2 中国白茶第一村（福鼎市柏柳村）

图6-3 福鼎太姥山绿雪芽

图6-4 福鼎市柏柳村华茶一号母树

图 6-5　福鼎市柏柳村茶园

图 6-6　政和茶区

图 6-7　访政和茶区

图 6-8　政和锦屏村古茶园

图 6-10　政和东平镇政和大白茶古茶树

图 6-9　政和锦屏小白茶古茶树

图 6-11　建阳茶区

图 6-12 建阳南坑小白茶基地

图 6-13 白茶地理标志证明商标

二、白茶的分类

1. 白茶的产品类型一般分为白毫银针、白牡丹、贡眉、寿眉。详见图 6-14 和表 6-1。

图 6-14 白茶产品类型

表 6-1 白茶类型

类型	产区	主要品种	品质特点
白毫银针	主产于福建福鼎、政和等地	福鼎大毫 福鼎大白 政和大白 福安大白	外形毫芽肥壮、挺直如针，色白如银、隐绿，汤色浅黄明亮，香气清雅、毫香显，滋味清鲜、毫味显，叶底嫩绿柔软亮
白牡丹	主产于福建政和、建阳、福鼎等地	福鼎大毫 福鼎大白 政和大白 福安大白 水仙	外形芽叶连枝、自然舒张，叶色灰绿或翠绿、毫心白，汤色杏黄明亮，香气清纯、有毫香，滋味鲜浓，叶底芽叶连枝呈朵，叶色嫩绿明亮、叶脉微红

续表

类型	产区	主要品种	品质特点
贡眉	主产于福建建阳、政和、福鼎等地	菜茶	外形芽心较小，色泽灰绿稍黄带白毫，汤色黄亮，香气清香，滋味清甜、有厚度，叶底有毫针、黄绿、叶脉微红
寿眉	主产于福建福鼎、政和、建阳等地	福鼎大毫 福鼎大白 政和大白 福安大白 水仙	外形叶态尚紧卷，灰绿较深，汤色橙黄，香气纯、稍粗，滋味醇和，叶底稍有芽尖、叶张软尚亮、叶脉红

2. 紧压白茶，是将白茶散茶制成不同造型的饼茶，以减小体积，便于收藏。详见图 6-15 和图 6-16。

图 6-15　白茶茶饼

图 6-16　小茶饼白茶

三、白茶主栽品种

白茶的主栽品种分布在不同的产区。福鼎主栽品种有福鼎大白茶与福鼎大毫茶等，目前福鼎白茶品种以福鼎大毫茶为主。政和主栽品种有政和大白茶、福安大白茶、九龙大白茶、福云 6 号等，目前政和白茶品种以福安大白茶为主。建阳主栽群体种与水仙品种。福鼎大白茶品种在福建省外有推广与种植。白茶主栽品种特性，详见图 6-17—图 6-24 及表 6-2。

图 6-17　福鼎大毫茶

图 6-18　福鼎大白茶

图 6-19　福安大白茶

图 6-20 政和大白茶

图 6-21 小白（黄绿色）

图 6-22 小白（紫色）

图 6-23 白茶不同品种嫩梢伸育状态
（福鼎大毫茶、福鼎大白茶、福安大白茶、政和大白茶，2018 年 4 月 9 日采于武夷学园品种园）

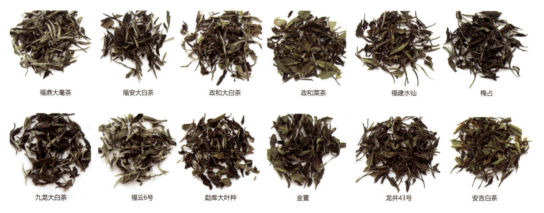

图 6-24 不同品种白茶干茶

表 6-2 白茶主栽品种特性

序号	品种与编号	原产地	栽培学特性	品质特点	适制性	主产地
1	福鼎大白茶（GS 13001—1985）	福鼎市太姥山鸿雪洞	无性系，小乔木型，中叶类，早生种	毫芽较肥壮、白毫密披，毫香较显带花香，滋味鲜醇	白茶、红茶、绿茶	福鼎等地

续表

序号	品种与编号	原产地	栽培学特性	品质特点	适制性	主产地
2	福鼎大毫茶（GS 13002—1985）	福鼎市汪家洋村	无性系，小乔木型，大叶类，早生种	毫芽肥壮、白毫密披，毫香显，滋味鲜醇	白茶、红茶、绿茶	福鼎等地
3	政和大白茶（GS 13005—1985）	政和县铁山镇	无性系，小乔木型，大叶类，晚生种	毫芽肥壮、色深绿带白毫，毫香较显带玫瑰花香，滋味浓厚细腻	白茶、红茶、绿茶	政和、松溪
4	福安大白茶（GS 13003—1985）	福安市康厝村	无性系，小乔木型，大叶类，早生种	毫芽肥壮、色绿带白毫，香气清高带花香，滋味浓醇	白茶、红茶、绿茶	政和、福安、松溪
5	福建水仙（GS 13009—1985）	建阳市小湖乡大湖村	无性系，小乔木型，大叶类，晚生种	毫芽肥壮、色绿带白毫，香清似兰花香又似玫瑰花香，滋味浓醇	青茶、白茶、红茶	建阳、建瓯、武夷山、政和、永春
6	菜茶	建阳、政和等地	有性系，群体种	毫芽细秀、色绿带白毫，香清味浓厚（白茶成品称为贡眉或小白）	白茶、红茶、绿茶、青茶	建阳、建瓯、政和、松溪、福鼎
7	九龙大白茶（闽审茶1998001）	松溪县郑墩镇双源村	无性系，小乔木型，大叶类，早生种	芽壮毫多色白，香鲜带玫瑰花香与木质香，味浓醇	白茶、红茶、绿茶	松溪
8	福云6号（GS 13033—1987）	福建省农科院茶叶所选育	无性系，小乔木型，大叶类，特早生种	芽壮毫多色白，香鲜带玫瑰花香，味浓醇	绿茶、红茶、白茶	福建、广西、浙江
9	福云20号（闽审茶2005001）	福建省农科院茶叶所选育	无性系，小乔木型，大叶类，中生种	毫芽肥壮，毫色银白，香鲜味浓醇	白茶、红茶、绿茶	福安、政和、松溪等地

四、白茶的工艺

白茶不炒不揉，主要以长时萎凋与干燥两道工序为工艺特征，其中萎凋工艺尤为重要。白茶加工过程的物质变化是以多酚类物质轻微氧化为主，蛋白质和多糖等物质的降解、色素和香气物质的转化与形成为辅的变化过程。多酚类及其他物质的转化降低了茶鲜叶的青气与涩味，增加了茶汤的清醇滋味。在挥发性香气成分中，萜烯类化合物活性高、阈值低，是构成白茶高品质花香的重要成分。

关于白茶的工艺，明代田艺蘅《煮泉小品》载："芽茶以火作者为次，生晒者为上，亦更近自然，且断烟火气耳……生晒茶瀹之瓯中，则旗枪舒畅，青翠鲜明，尤为可爱。"可见，一般晴天所制白茶品质较好，可是茶季天气多变，品质难以保证。现代的白茶制作技术在传承传统的基础上有了很大的创新，通过萎凋技术的创新从一定程度上克服了天气多变的问题，大大提升了白茶的品质。传统的白茶工艺一般采用自然萎凋（日光萎凋、室内

二维码6-1 白茶"蜜香"

自然萎凋），环境条件要求室温约为20—25℃，相对湿度约为60%—80%，但萎凋所需时间较长，一般需要36—72 h，且受天气影响大，不利于大规模的生产。在阴雨天，尤其是低温高湿的情况下，可采用室内加温萎凋，温湿度相对稳定，生产的白茶品质相对稳定。目前室内加温萎凋方法很多，如萎凋槽加温萎凋、室内加设热风管道加温萎凋、空调间加除湿机萎凋、远红外线碳纤维茶叶专用板萎凋等，供热方式的不同对白茶品质产生不同的影响。加温萎凋的白茶相比自然萎凋的白茶，产品略带青气，汤色相对偏淡，品质相对较差。把以上几种制法综合使用的复式萎凋方法在实际生产中比较常用，比如通过设计玻璃房，可以在室内自然萎凋基础上融入日照处理或室内加温萎凋基础上加入日照处理。复式萎凋法能够加速水分蒸发，促进萎凋叶内部生化反应的进行及化学成分的转化，对于白茶香气和滋味物质的形成起到积极作用，能够显著提升白茶品质。

白茶初制加工工艺为：采摘→萎凋（萎凋+并筛）→干燥等工序。详见图6-25—图6-40。具体如下：

1. 鲜叶采摘

一般采摘大白、水仙茶树品种或群体种的芽、叶、嫩茎为原料。采单芽制作白毫银针，或在采一芽二叶原料的基础上再通过人工抽针（即摘取芽头）制作白毫银针。采一芽二至三叶制作白牡丹。采群体种的嫩梢制作贡眉。采嫩梢或叶制作寿眉。采摘环节要注意保证茶青的新鲜度，避免物理损伤等。

2. 萎凋

萎凋是白茶的关键工艺，茶鲜叶通过萎凋，失去水分，轻微发酵，达到白茶的品质状态。白茶萎凋适宜的温度在20—25℃，相对湿度在60%—80%，萎凋叶含水率在10%—15%。白茶萎凋时间在36—72 h白茶品质较好。时间过短则氧化不充分，多酚类含量高，青气重且带苦涩味，时间过长则生化成分消耗过多，滋味淡薄且色泽偏暗。民间比喻白茶的萎凋工艺——"你就这样静静地躺着，时光改变了你鲜活的模样，直至两鬓斑白"。也说明了白茶长时萎凋轻微发酵的实质。

3. 并筛

将萎凋叶进行并筛，促进茶多酚酶的氧化作用，去除青气，增加滋味的浓醇度。并筛厚度一般在25—35 cm，温度控制在22—25℃；并筛时间视萎凋叶的实际情况而定。

4. 干燥

通过干燥萎凋适度叶，固定品质，发展茶香，形成白茶产品。白茶干燥温度一般掌握在80—90℃，烘干后茶叶水分在5%—7%。

在初制的基础上，通过精制（拣剔→归堆→拼配→匀堆→复烘→装箱）形成白茶产品。传统的白茶产品主要是芽茶（白毫银针）与叶茶（白牡丹、贡眉、寿眉）。1968年，福鼎白琳茶厂在传统白茶的基础上，应港商要求创制了"新白茶"。新白茶主要是在萎凋工序后增加了轻揉捻的工艺，因原料相对粗老故焙火温度（120℃左右）也相对比较高，品质上有香气高滋味醇的特点。2006年创制白茶紧压茶，是将白茶散茶制成不同造型的饼茶。白茶饼

图 6-25 采摘

图 6-26 白毫银针采摘标准

图 6-27 室外阳光萎凋

图 6-28 室内自然萎凋

图 6-29 室内自然萎凋

图 6-30 青叶萎凋状态

图 6-31 萎凋槽萎凋

图 6-32 萎凋机萎凋

图 6-33 并筛堆积

图 6-35 链板式烘干机烘干

图 6-34 烘箱烘干

图 6-36 白茶炭焙间

图 6-37 炭焙白毫银针

图6-38 拣剔

图6-39 装箱

图6-40 白茶窖藏间

的原料相对粗老，多为夏秋季寿眉，通过压饼，可减小体积，优化品质，增加滋味的浓醇度，同时利于收藏。

五、白茶产品品质特色（年份）

依据年份不同，白茶产品分为当年白茶与陈年白茶。详见图6-41—图6-43。白茶属微发酵茶，品质最接近于茶树原叶的特征，当年白茶品质特点是毫香显，滋味鲜醇。陈年白茶，是当年白茶随着时间的变化形成"毫香蜜韵"的特色品质，为消费者所喜爱。

二维码6-2
白茶的陈
化机理

白茶在民间素有"一年茶三年药七年宝"的美称，这说明了白茶具有收藏价值。根据多位福建茶区白茶制作技艺传承人的说法，这句话由来已久，之所以有"七年宝"的说法，很大一部分原因是相比现在以前的茶叶贮藏技术相对落后，能够保存七年还能品饮的白茶，可见是非常用心的，且老白茶的风味更加柔和。白茶在陈放的过程中物质的变化主要与茶多酚的转化以及美拉德反应等有关，美拉德反应产生的类黑素除了影响茶叶的色泽与风味品质外，这类物质还具有一定的抗氧化等功能。陈年白茶相比当年的白茶，感官品质变化主要体现在色泽、香气、滋味三个方面，外形色泽绿色逐渐减少，黄色和褐色逐渐增加；香气方面呈现清花香、毫香和青气不断减弱，陈香、枣香、甜香与蜜香不断增加的变化趋

图 6-41　新白茶
（2021 年白毫银针）　　　　图 6-42　老白茶
（2004 年白毫银针）　　　　图 6-43　老白茶
（1995 年白牡丹）

势；滋味方面呈现鲜度和青度逐渐降低，醇度、甜度和陈度逐渐升高的趋势。

白茶贮藏陈放，一般要求密封避光并置于阴凉干燥处，可选铝箔袋包装。存储 2—3 年及 3 年以上时间的白茶，要防止其水分增高而影响茶叶的品质，如果水分超出 9%，要及时复烘处理（复烘温度在 80℃左右，烘干时间在 45 min 左右），保证干茶含水率在 5%—7%，以防霉变。

六、白茶的审评要点

白茶审评要点与评分标准详见表 6-3 和表 6-4。

表 6-3　白茶的审评要点

项目	审评要点
形状	芽形、朵形、芽叶连枝、叶缘卷垂、毫心肥壮、茸毛洁白 忌叶态平张、蜡叶老梗多、破张多、欠匀整
干茶色泽	以毫芽银白、白底绿面、绿叶红筋、铁板色、铁青、灰绿色为宜，忌毫暗黄、花杂、红张多
汤色	以浅黄、杏黄、微红、黄、橙黄、橙红为宜，忌暗、浊、红
香气	以毫香、清香、嫩香，蜜香、枣香、药香为宜； 忌高火、生青、酸馊气、劣异气、烟气、霉气
滋味	以清甜、毫味、鲜醇、醇爽、协调为好；忌青涩、苦涩、馊味异味
叶底	以柔软匀齐为好，忌多红张、暗张； 以黄绿、嫩黄绿为好，忌暗红、杂

表 6-4　白茶品质评语与各品质因子评分表

因子	级别	品质特征	给分	评分系数
外形（a）	甲	以单芽到一芽二叶初展为原料，芽毫肥壮，造型美、有特色，白毫显露，匀整，净度好	90—99	25%
	乙	以单芽到一芽二叶初展为原料，芽较瘦小，较有特色，色泽银绿较鲜活，白毫显，尚匀整，净度尚好	80—89	
	丙	嫩度较低，造型特色不明显，色泽暗褐或红褐，较匀整，净度尚好	70—79	
汤色（b）	甲	杏黄、嫩黄明亮，浅白明亮	90—99	10%
	乙	尚绿黄明亮或黄绿明亮	80—89	
	丙	深黄或泛红或浑浊	70—79	
香气（c）	甲	嫩香或清香，毫香	90—99	25%
	乙	清香，尚有毫香	80—89	
	丙	尚纯，或有酵气或有青气	70—79	
滋味（d）	甲	毫味明显，甘和鲜爽或甘鲜	90—99	30%
	乙	醇厚较鲜爽	80—89	
	丙	尚醇，浓稍涩，青涩	70—79	
叶底（e）	甲	全芽或一芽一、二叶，软嫩灰绿明亮、匀齐	90—99	10%
	乙	尚软嫩，尚灰绿明亮，尚匀齐	80—89	
	丙	尚嫩、黄绿有红叶，欠匀齐	70—79	

七、白茶的审评术语

评茶术语是记述茶叶品质感官评定结果的专业性用语，正确理解和运用评茶术语需要一定的专业功底。根据《茶叶感官审评术语》（GB/T 14487—2017），茶类通用审评术语适用于白茶。此外，白茶常用的审评术语如下。供评茶时参考。

（一）干茶形状

（1）毫心肥壮：芽肥嫩壮大，茸毛多。
（2）茸毛洁白：茸毛多、洁白而富有光泽。
（3）芽叶连枝：芽叶相连成朵。
（4）叶缘垂卷：叶面隆起，叶缘向叶背微微翘起。
（5）显毫：有茸毛的茶条比例高。
（6）多毫：有茸毛的茶条比例较高，程度比显毫低。
（7）披毫：茶条布满茸毛。
（8）平展：叶缘不垂卷而与叶面平。

(9)破张：叶张破碎不完整。

(10)蜡片：表面形成蜡质的老片。

(二)干茶色泽

(1)毫尖银白：芽尖茸毛银白有光泽。

(2)白底绿面：叶背茸毛银白色，叶面灰绿色或翠绿色。

(3)绿叶红筋：叶面绿色，叶脉呈红黄色。

(4)灰绿：叶面色泽绿而稍带灰白色。

(5)翠绿：绿中显青翠。

(6)铁板色：深红而暗，类似铁锈色，无光泽。

(7)铁青：似铁色带青。

(8)青枯：叶色青绿，无光泽。

(三)汤色

(1)浅黄：黄色较浅。

(2)杏黄：汤色黄稍带浅绿。

(3)浅杏黄：黄带浅绿色，常为高档新鲜之白毫银针汤色。

(4)黄亮：黄而明亮，有深浅之分。

(5)深黄：黄色较深。

(6)微红：色微泛红，为鲜叶萎凋过度、产生较多红张而引起。

(四)香气

(1)毫香：茸毫含量多的芽叶加工成白茶后特有的香气。

(2)鲜爽：香气新鲜愉悦。

(3)嫩香：嫩茶所特有的愉悦细腻的香气。

(4)鲜嫩：鲜爽带嫩香。

(5)清鲜：清香鲜爽。

(6)清长：清而纯正并持久的香气。

(7)清纯：清香纯正。

(8)失鲜：极不鲜爽，有时接近变质。多为白茶水分含量高，贮存过程回潮产生的品质弊病。

(五)滋味

(1)清甜：入口感觉清新爽快，有甜味。

(2)毫味：茸毫含量多的芽叶加工成白茶后特有的滋味。

（3）醇厚：入口爽适，味有黏稠感。
（4）浓醇：入口浓，有收敛性，回味爽适。
（5）甘醇：醇而回甘。
（6）甘鲜：鲜洁有回甘。
（7）鲜醇：鲜洁醇爽。
（8）醇爽：醇而鲜爽。
（9）清醇：茶汤入口爽适，清爽柔和。
（10）醇正：浓度适当，正常无异味。醇而和淡。
（11）醇和：茶味和淡，无粗味。

（六）叶底

（1）肥嫩：芽头肥壮，叶质柔软厚实。
（2）红张：萎凋过度，叶张红变。
（3）暗张：色暗稍黑，多为雨天制茶形成死青。
（4）瘦薄：芽头瘦小，叶张单薄少肉。
（5）破碎：断碎、破碎叶片多。
（6）铁灰绿：色深灰带绿色。

第二节 白茶主题审评实验设计

一、实验目的

掌握白茶审评方法，认识不同白茶的品质特征，熟悉白茶审评术语。

二、白茶审评主题方案设计与仪器设备

（一）白茶主题审评实验设计方案

（1）白毫银针、白牡丹、贡眉与寿眉的代表茶。详见图6-44和表6-5。
（2）不同等级的白牡丹。详见图6-45和表6-6。
（3）不同产区的代表白茶。详见图6-46和表6-7。
（4）不同年份的白茶。详见图6-47—图6-50和表6-8—表6-10。
（5）不同品种的白茶。详见图6-51。

图 6-44 白茶代表产品

表 6-5 白茶代表产品主题感官审评

序号	茶名	外形	汤色	香气	滋味	叶底
1	白毫银针	毫芽肥壮、挺直如针，色白如银、隐绿	浅黄明亮	清雅、毫香显	清鲜、毫味显	嫩绿柔软亮
2	白牡丹	芽叶连枝、自然舒张，叶色灰绿或翠绿、毫心白	杏黄明亮	清纯、有毫香	鲜浓	芽叶连枝呈朵，叶色嫩绿明亮、叶脉微红
3	贡眉	芽心较小，色泽灰绿稍黄带白毫	黄亮	清香	清甜、有厚度	有毫针，黄绿、叶脉微红
4	寿眉	叶态尚紧卷，灰绿较深	橙黄	纯、稍粗	醇和	稍有芽尖、叶张软尚亮、叶脉红

图 6-45　白牡丹不同等级

表 6-6　白牡丹等级主题感官审评

序号	茶名	外形	汤色	香气	滋味	叶底
1	特级白牡丹	毫心多肥壮、芽叶连枝平伏舒展，色泽灰绿润、毫心白，匀净	浅黄亮	鲜嫩纯爽、毫香显	清醇爽口毫味足	芽心多、叶张肥嫩，明亮
2	一级白牡丹	毫心较显尚壮、芽叶连枝平伏舒展，色泽灰绿较润，匀净	黄亮	纯爽有毫香	鲜浓	芽心较多、叶张嫩，尚明
3	二级白牡丹	毫心尚显、叶张尚嫩，色泽灰绿，较匀净、带黄绿片	浅橙黄	浓纯略有毫香	浓醇	有芽心、叶张尚嫩，稍有红张
4	三级白牡丹	叶缘略卷、有平展叶、破张叶，色泽灰绿稍暗，欠匀	橙黄	尚浓纯	醇和	叶张尚软有破张、红张稍多

图6-46 不同产区代表白茶

表6-7 不同产区代表白茶主题感官审评

序号	茶名	外形	汤色	香气	滋味	叶底
1	福鼎白毫毛银针	毫芽肥壮、挺直如针、色白如银、隐绿	浅黄明亮	清雅、毫香显	清鲜、毫味显	嫩绿柔软亮
2	政和白牡丹	芽心肥壮、芽叶连枝平伏舒展、色泽灰绿、毫心白	杏黄明亮	清高花香与毫香	浓厚	芽叶连枝呈朵柔软、叶色嫩绿明亮、叶脉微红
3	建阳贡眉	芽心较小、色泽灰绿稍黄带白毫	黄亮	清香	清甜、有厚度	有毫针，黄绿、叶脉微红
4	建阳水仙白	芽心肥壮、芽叶连枝平伏舒展、色泽灰绿稍暗带白毫	黄亮	毫香、花香似兰花又似玫瑰花	浓厚	芽心多、带红张
5	云南白茶	芽头特别肥壮，白（偏粉色）毫密披、叶面色泽灰褐	橙黄	浓，带玫瑰花香	浓醇	芽头肥嫩

白毫银针 1年　　　　3年　　　　　6年　　　　　9年

图 6-47　不同年份白毫银针

表 6-8　白毫银针年份代表主题感官审评

序号	茶名	外形	汤色	香气	滋味	叶底
1	当年白毫银针	毫芽肥壮、挺直如针，黄绿亮白毫显	浅黄明亮	清雅、毫香显	清鲜、毫味显	嫩绿匀齐柔软亮
2	陈3年	毫芽肥壮、挺直如针，灰绿亮显白毫	黄亮	毫香微蜜	鲜浓	黄匀齐柔软亮
3	陈6年	毫芽肥壮、挺直如针，灰绿稍带褐	浅橙黄	毫香蜜韵	醇滑甘润	黄稍带褐匀齐柔软，较明
4	陈9年	毫芽肥壮、挺直如针，灰绿带褐	橙黄	陈香显带毫蜜香	陈醇绵柔带果酸	黄带褐匀齐柔软，尚明

图 6-48 不同年份白牡丹

表 6-9 白牡丹年份代表主题感官审评

序号	茶名	外形	汤色	香气	滋味	叶底
1	当年白茶	芽叶连枝平伏舒展，色泽黄绿润、毫心白	浅黄亮	毫香显	鲜醇	芽心较多、叶张嫩，黄绿明亮
2	陈 3 年	芽叶连枝平伏舒展，色泽灰绿带黄、毫心白	黄亮	花香微带蜜香	浓醇	芽心较多、叶张嫩，黄明
3	陈 6 年	芽叶连枝平伏舒展，色泽灰绿带黄褐、毫心白	橙黄	花香蜜韵	醇滑甘润微酸	芽心较多、叶张嫩，黄较明
4	陈 9 年	芽叶连枝平伏舒展，色泽灰绿带褐、毫心白	橙黄	陈香显带毫蜜香	陈醇绵柔带果酸	芽心较多、叶张嫩，黄带褐尚明

图 6-49　不同年份寿眉

表 6-10　寿眉年份代表主题感官审评

序号	茶名	外形	汤色	香气	滋味	叶底
1	当年白茶	芽叶连枝，色泽黄绿亮，略带白毫	黄亮	清香	醇和	叶张嫩黄绿，带梗
2	陈3年	芽叶连枝，色泽灰绿带黄，略带白毫	橙黄	纯香	较浓醇	叶张黄明，带梗
3	陈6年	芽叶连枝，色泽灰绿带黄褐	橙黄	陈香显带粽香	醇滑微酸	叶张黄带褐，带梗较明
4	陈9年	芽叶连枝，色泽灰褐	橙红	陈香显带枣蜜香	陈醇带果酸	叶张嫩黄带褐尚明，带梗

图 6-50 不同年份（1、3、6、9年）白茶（白毫银针、白牡丹、寿眉）干茶、汤色、叶底

图 6-51 不同品种白茶

（二）实验设备

干评台、湿评台、样茶盘、茶样秤、审评杯碗、叶底盘、品茗杯、茶匙、砂时计或计时钟、电热壶、吐茶筒等。

三、实验方法与步骤

（1）正确选配白茶的审评器具，按要求烫杯、摆放。

（2）对外形（形状、色泽、匀度、净度）审评，记录干评结果。

（3）扦样 3 g，按顺序冲泡，计时 5 min，出汤，观汤色，嗅香气，尝滋味，评叶底，结果记录。

（4）选取一款白茶代表样，用盖碗或壶进行日常冲泡，与审评法对比，感受品质异同。

（5）清洗器具并归位。

（6）完成实验报告。

第三节　白茶茶品冲泡品鉴（以白毫银针为例）

一、实验背景

"夏至之日，万物并秀。"夏天到来，气温升高，万物斑斓，热烈生长，人也易生烦躁，心气不宁。对于我们来说，此时需养心，保持愉悦心情，缓解夏乏。古人曾说，"日高人渴漫思茶"，在炎炎夏日，一杯白茶既解渴，又解暑，还能驱散人心底的烦躁，舒缓心情。白茶，源自福建，不炒不揉，自然清雅，靠近自然。在炎炎夏日品一杯白毫银针，犹如在白云绕山涧，身临清凉境。

二、实验目的

（1）能根据宾客的需求，准备符合标准品质要求的白毫银针。

（2）能根据白毫银针的品质特征，选择合适的冲泡用水和器具。

（3）能运用适合的冲泡方法，为宾客冲泡白毫银针。

（4）能为宾客冲泡均衡、层次感好、温度适宜的茶汤。

二维码 6-3　白茶　表里如一

三、实验方案设计

白茶的品鉴要领，在方法上可以加强白茶理论知识体系的学习，结合白茶的审评法与白茶品赏法，并走进白茶茶区拓展对白茶品质的认知。通过走进茶区人们能够更好地建立白茶产区特征、工艺特征、品种特征与品质之间的关联，更立体地感知白茶的品质特征。通过对白茶专业感官审评，人们能客观地判断白茶品质的好坏优劣，对产品定等定级。而白茶的品赏法则没有固定的标准，主要是通过茶师的布局设计呈现白茶美好的一面，具体因品饮环境、白茶本身的产品特点（嫩度、产区、品种、工艺、年份等角度）、水质、器具、冲泡者的状态而异。通过不同主题的白茶感官审评法与密码号的品赏法的交互体验学习可以增加趣味性,并且可以使人们更系统地认知白茶的品质特征,有利于科学地品鉴白茶。

白茶品饮方式便捷,为广大消费者喜爱。在冲泡的过程中品赏"白茶表里如一,在沸水之中复活,复色如鲜叶一般鲜活"。白茶一般有以下几种品赏法:撮泡法、盖碗泡法、壶泡法、碗泡法、煮茶法等。具体见图6-52—图6-61和表6-11。如白毫银针产品特点是未经揉捻,茶汁不易浸出,冲泡时间宜长,其形态优美、赏味性强,可采取玻璃杯撮泡法,取3 g茶置于玻璃杯中,冲入200 mL沸水,冲泡1—5 min(因口味浓淡调整浸泡时间),茶芽由水面渐渐落入杯中,上下交错,似新鲜出土的笋。白毫银针这种经典的冲泡与赏味有似唐代怀素的《苦笋帖》所述"苦笋及茗异常佳,乃可径来"之意境(图6-62)。在欧美,冲泡高档红茶,往往掺入几根白毫银针,以示名贵,同时也可增加红茶茶汤的鲜度与香气。盖碗泡法,是目前茶馆普遍使用的方法,简易方便。壶泡法,可以增加白茶冲泡的趣味性。碗泡法,如陈年白毫银针与白牡丹通过碗泡法,人们可以欣赏其在沸水之中的复色以及优美的形态。煮茶法,在冬天尤其适合,通过高温快煮陈年白茶,一方面能去除陈白茶的杂气,另一方面又能增加滋味的浓醇度。

图6-52 玻璃杯撮泡法(一人饮)

图6-53 盖碗泡法

图 6-54　紫砂壶泡法

图 6-55　玻璃壶泡法

图 6-57　白茶碗泡法（多人饮）

图 6-56　白茶碗泡法（一人饮）

图 6-58　煮茶法

图 6-59　白茶审评法

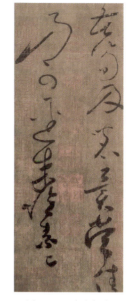

图 6-60　张天福白茶题词　　　图 6-61　刘祖生白茶题词　　　图 6-62　唐代怀素
《苦笋帖》

表 6-11　白茶品赏方法

序号	品赏方法	茶具	投茶量（g）	投水量（mL）	温度（℃）	冲泡时间（min）	冲泡次数
1	撮泡法	玻璃杯/白瓷杯	3—5	200—500	90—100	1—2	2—3 次
2	盖碗泡法	白瓷盖碗	3—6	110—150	95—100	0.2—1	3—5 次
3	壶泡法	陶瓷茶壶	5—8	150—250	95—100	0.3—1	3—5 次
4	碗泡法	玻璃碗/瓷碗	2—5	200—500	90—100	1—2	2—3 次
5	煮茶法（适合老白茶或大叶白茶）	金属茶壶/陶壶	3—5	150—250	100	0.1—0.3	2—3 次

本次实验采用盖碗分汤法。

（一）茶水比

白毫银针茶水分离泡法，一般茶水比例为 1∶30，即在 150 mL 的 8 分满水位的情况下，放入 4 g 的茶叶。（可视具体口味调整比例）

（二）冲泡流程

布席，茶客入席，赏茶，温盖碗，置茶，浸润泡同时温杯，三道冲泡（第一道出汤，分茶，奉茶，品茗；第二道出汤，分茶，品茗；第三道出汤，分茶，品茗），收具谢礼。详见图 6-63—图 6-86。白茶冲泡流程示意图见图 6-87。

图 6-63　布席　　　　图 6-64　菖蒲摆件　　　图 6-65　入席行礼　　　图 6-66　赏干茶（大致区分品级、产地、形状、色泽）

图 6-67　温盖碗　　　图 6-68　温茶海　　　图 6-69　置茶　　　图 6-70　浸润泡（水没过干茶即可）

图 6-71　摇香　　　　图 6-72　冲泡　　　　图 6-73　温杯　　　　图 6-74　拿捏盖碗

图 6-75　出汤　　　　图 6-76　分茶（茶汤7分满）　　　图 6-77　奉茶　　　　图 6-78　第一道茶汤（95℃，30 s）

图 6-79　品茗　　　　图 6-80　第二次冲泡　　　图 6-81　出汤　　　　图 6-82　分茶

图 6-83　第二道茶汤（沸水，40 s）　　　图 6-84　第三道茶汤（沸水，50 s）　　　图 6-85　收具　　　　图 6-86　谢礼

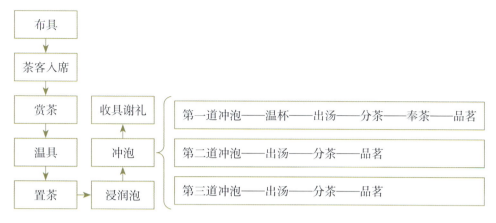

图 6-87 白茶冲泡流程示意图

三道汤,第一道汤(沸水,闷泡时长为 30 s 左右出汤),第二道汤(沸水,闷泡时长为 40 s 左右出汤),第三道汤(沸水,闷泡时长为 50 s 左右出汤),第二道与第三道的茶汤相比第一道而言鲜爽度会有所降低,但滋味的浓度相对会比较强一些。总体要求三泡茶汤均衡度、层次感好,温度适宜。这种方法可以品鉴茶汤内质的层次感,感受每一道茶汤的细微变化。

四、实验材料与泡茶器具

(一)实验材料

符合标准品质的白毫银针茶。

(二)泡茶器具选配

泡茶器具选配:布席、布具要根据所冲泡茶叶的特点,配备合适的器皿,才能在冲泡过程中呈现出茶的最佳品质,这是泡茶的前提条件。所备器具在式样、材质、大小方面要做到适用,茶席的色彩符合白茶清雅自然的特点,跟白毫银针茶的品质特征相符合,摆件选一个菖蒲,营造夏日山中清凉之境。本次实验白毫银针茶盖碗茶汤分离法的茶具选配参考见表 6-12。

表 6-12 白毫银针盖碗分汤法茶具选配

种类	设备名称	技术规格	数量
主茶具	影青盖碗	容量:110 mL	1
	玻璃菱花公道杯	容量:160 mL	1
	影青品茗杯	容量:55 mL	3

续表

种类	设备名称	技术规格	数量
辅茶具	不锈钢电烧水壶	容量：600 mL	1
	亚克力壶承	方形：长 15 cm　宽 15 cm　高 5 cm	1
	玻璃茶荷	长：10 cm　宽：8 cm	1
	玻璃水盂	容量：500 mL	1
	玻璃盖置	高：4 cm	1
	银茶匙	长：19 cm	1
	锡杯垫	圆形直径：7 cm	3
	茶巾（茶色）	长：30 cm　宽：30 cm	1
	茶匙架（银）	长：40 cm	1
	棉麻茶席（冷白色、浅灰色）	长：180 cm　宽：20 cm	2

五、茶客的品后感

席间看着沸水冲泡茶芽，茶汤明亮，漂浮着缕缕白毫。香入水，从水底弥漫而起，袅袅而上。汤感顺滑甘润，细腻绵柔，有米汤感。入口便是其特有的毫香、花香接踵而至。回味过后，尤感兰花韵盈盈而来，清幽迷人。似身临其境于太姥山，白云绕山涧，别有风味。品味白水一样的白毫银针有"君子之交淡如水"之感，亦有"浓非厚，淡非薄"之境。

习 题

1. 白茶的发源地在哪？品质上有什么特色？其优异品质的成因有哪些？
2. 白茶产品主要分为几类？白牡丹等级划分的主要依据是什么？
3. 请结合本次白茶主题审评实验，谈谈你喜欢哪一款白茶，并分析口感形成的影响因素，思考如何挖掘这些茶叶的亮点进行产品设计与市场营销。
4. 请结合白茶相关知识点，设计一个白茶主题审评方案。（需图文并茂）
5. 请结合本次白毫银针冲泡实验，谈谈你品饮的感受，并设计一款白茶的生活茶艺方案。（需图文并茂）

第七章　青茶审评

学习目标

1. 了解青茶的定义、产区分布、分类、工艺流程、审评要点、审评术语等；
2. 掌握青茶审评方法与青茶主题审评设计；
3. 熟悉青茶日常品饮方法要领。

本章摘要

青茶（乌龙茶）发源于福建武夷山，属于半发酵茶。乌龙茶主要产区分布于福建、广东和台湾三省，乌龙茶依产地和品质风格不同，可分为闽北乌龙茶、闽南乌龙茶、广东乌龙茶、台湾乌龙茶等。乌龙茶的品质成因主要由山场、工艺与品种构成。乌龙茶做青工序赋予其独特的馥郁的花果香。本章重点要了解乌龙茶做青工艺带来的品质特点和品味四韵（岩韵、音韵、山韵及高山韵）。

关键词

青茶；乌龙茶；岩韵；音韵；花果香；馥郁醇厚

第一节　青茶概况

一、青茶概况

青茶又名乌龙茶。根据国家现行标准《茶叶分类》（GB/T 30766—2014），乌龙茶是以特定茶树品种的鲜叶为原料，经萎凋、做青、杀青、揉捻（包揉）、干燥等独特工艺制成的产品。

二、青茶的分类

青茶（乌龙茶）主要产区分布于福建、广东和台湾三省，乌龙茶依产地和品质风格不同，可分为闽北乌龙茶、闽南乌龙茶、广东乌龙茶、台湾乌龙茶等。具体见图7-1—图7-4。武夷岩茶、安溪铁观音、凤凰单丛、冻顶乌龙是相应于该四个区域的代表性品类。四个品类特点具体见图7-5—图7-6和表7-1。在审评中注意分辨品种特征与工艺特征，并区分同一品种不同地区所表现出来的差异，掌握好青茶（乌龙茶）的审评方法。

图 7-1　闽北茶区

图 7-2　闽南茶区

图 7-3　广东茶区

图 7-4　台湾茶区

武夷岩茶

铁观音

凤凰单丛

冻顶乌龙

图 7-5　青茶（乌龙茶）四大经典代表

图 7-6　台湾东方美人

表 7-1　青茶（乌龙茶）四个类型

类型	代表名茶	品质特点
闽北乌龙茶	水仙、肉桂、大红袍、武夷名丛、瑞香	武夷岩茶外形粗壮紧实、色泽青褐油润，香气馥郁具天然花果香，滋味醇厚、显岩韵，汤色橙黄明亮（视做青程度、品种而不同），叶底绿叶红镶边
闽南乌龙茶	铁观音、黄金桂、本山、毛蟹	铁观音外形条颗粒重实、色泽砂绿油润、青蒂绿腹，香气浓郁高长、带兰花香，汤色金黄清亮，滋味醇厚回甘、显"音韵"，叶底肥厚软亮、红边显
广东乌龙茶	凤凰单丛、岭头单丛	凤凰单丛外形条索紧卷乌润，汤色金黄明亮，香气馥郁、有蜜兰香、黄栀香等，滋味醇厚，叶底绿叶红镶边
台湾乌龙茶	冻顶乌龙、文山包种、东方美人	冻顶乌龙外形紧结颗粒状、色泽墨绿润，汤色略呈橙黄色，香气有清花香、近似桂花香，滋味醇厚回甘润，叶底绿叶红镶边 东方美人外形条索紧、显白毫、色泽呈白绿黄红褐五色相间，汤色金黄或橙红，香气熟果香、花、蜜香，滋味鲜醇甘爽，叶底芽叶软亮、匀齐

三、青茶的加工工艺

青茶（乌龙茶）的加工工艺流程是：鲜叶采摘→萎凋→做青（摇青与晾青反复交替进行）→杀青→揉捻造型→干燥。乌龙茶的加工工艺特色是"做青"，做青（闽南称摇青，潮安称浪青，台湾称室内搅拌）是乌龙茶加工的重要工序，是决定乌龙茶品质的关键步骤。做青是摇青与晾青多次反复交替的作业过程，有效控制青叶水分的变化和酶性氧化，通过做青可以制造出乌龙茶独有的馥郁的花果香与绿叶红镶边，做青程度因地区、品种等而有所差异。加工出来的乌龙茶的品质特点是：带天然花果香，滋味醇厚，韵味明显，绿叶红镶边。

当代著名茶学家陈椽教授曾说："武夷岩茶创制技术独一无二，是全世界最先进的技术，无与伦比，值得中国劳动人民雄视世界。"2006 年，武夷岩茶制作技艺作为全国唯一制茶技艺，被列入首批国家级非物质文化遗产名录。以武夷岩茶为例，具体加工的流程见图 7-7—图 7-28。

图 7-7　武夷岩茶鲜叶采摘

图 7-8　水仙鲜叶采摘标准（小开面、中开面与大开面）

图 7-9　肉桂鲜叶采摘标准（小开面、中开面与大开面）

图 7-10　开筛　　　　　图 7-11　日光萎凋（水筛）　　　　　图 7-12　日光萎凋（晒青布）

图 7-13　萎凋适度叶

图 7-14　手工摇青

图 7-15　手工晾青

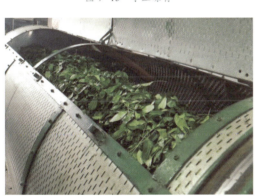

图 7-16　综合做青机做青

图 7-17　四筒联动式乌龙茶摇青机做青

图 7-18　做青适度叶（绿叶红镶边）

图 7-19　发篓发酵

图 7-20 手工杀青

图 7-21 杀青机杀青

图 7-22 手工揉捻

图 7-23 揉捻机揉捻

图 7-24 链板式烘干机烘干

图 7-25 炭焙

图 7-26 炭焙间及炭焙工具

图 7-27 岩茶审评场景

图 7-28 水仙叶底（绿叶镶红边）

1. 采摘

武夷岩茶品质的形成，首先取决于鲜叶原料的质量。其采摘标准与其他茶类不同，对采摘成熟度标准、品种适制性、季节、天气、时间、鲜叶处理等都有一定的要求。

乌龙茶要求鲜叶有一定的成熟度，一般在顶芽开展而形成驻芽达80%时可以开始采摘。优质乌龙茶须采摘较为成熟的开面3—4叶嫩梢为原料。因为较成熟嫩梢叶片表面有较厚的蜡质层，在乌龙茶加工过程中，蜡质层分解与转化，产生香气成分；适制乌龙茶的品种其较成熟新梢叶背下表皮的特殊腺鳞结构发育完全，并开始分泌芳香物质；较成熟新梢叶片内类胡萝卜素含量增加，巨型淀粉粒及中脂颗粒增多；此外，茶梗中含有较多的氨基酸与类胡萝卜素，这些都是乌龙茶香气与风味物质的基础。开面采：按新梢伸展程度不同又分为小开面、中开面和大开面。小开面，指驻芽新梢顶部第一叶片的叶面积约相当于第二叶的1/3—1/2；中开面，为驻芽新梢顶部第一叶面积相当于第二叶的1/2—2/3；大开面，即驻芽新梢顶部第一叶面积相当于第二叶的面积。

春季鲜叶持嫩性较好，以采摘中开面为主；秋季气候干燥，鲜叶持嫩性差，以采摘小开面为主。一天中采摘的时间，鲜叶品质以14—16时采的最好，其次是9—11时采的。

春茶一般在4月上旬开采，采摘期一个月左右。早芽种一般在4月中上旬开始采摘，如单丛、八仙、黄观音等。中生种一般在4月下旬与5月上旬开始采摘，如水仙、肉桂等。晚生种一般在5月中旬或下旬开始采摘，如大红袍、雀舌、白鸡冠等。民间有云"立夏三天是宝，三天是草"。可见采摘时间的把握非常重要。

采摘好的鲜叶应分堆运送，可采用青篮装运茶青，透气散热，途中挑运尽量不要超过2小时，以免茶青发热劣变。挑运时在青篮顶上用杂草或树枝叶等披盖，以免阳光直射。并防止挤压、物理损伤。

2. 萎凋

萎凋方式有日光萎凋与加温萎凋。生产上，晴天一般采用日光萎凋，阴雨天则采用加温萎凋（采用综合做青机或萎凋槽进行加温萎凋），加温萎凋与温度、热风量、风压、水汽散发速度等有密切关系。萎凋的目的主要是利用光能热量使鲜叶适度失水，促进酶的活化，达到去除青气并形成乌龙茶的香气前提条件，同时为做青创造良好的条件。萎凋适度指标：一般至叶态萎软，伏贴；鲜叶失去光泽，叶色转暗绿；叶背色泽特征明显突出，似"鱼肚白"；顶叶下垂，梗弯而不断，手捏有弹性感，手持茶梢基部第二叶会自然下垂为适度。嗅之，青气挥发，清香略显。减重率为10%—15%。

（1）日光萎凋：晴天，用水筛（青叶置于水筛之上，架于风日之中）或晒青布将鲜叶均匀地摊开，一般0.5—1 kg/m²。晒青时长应根据鲜叶老嫩、品种、采摘时间、气候等因素而异，正所谓"看天晒青，看青晒青"。晒青时长一般为15—30 min，中间翻青1—2次。在阳光强烈的时候，即用手背触感地面有烫手之感，不宜晒青，否则青叶会被灼伤而造成死青。被晒伤的萎凋叶闻上去会有很浓的青臭气，在晾青过程中，可看到大面积红变坏死的叶片。

（2）综合做青机萎凋：现在生产上普遍使用乌龙茶综合做青机（有90型长机、100型长机和120型短机等型号），晚青或雨水青直接装入综合做青机，青叶装至综合做青机容量的3/4为宜，通过吹热风进行萎凋。风温30—38℃，历时1.5—2.5 h。每隔10—15 min要轻摇翻转青叶，使萎凋均匀。

（3）萎凋槽萎凋：将晚青或雨水青摊放槽内，一般摊叶厚度15—20 cm，在槽底鼓以热风，利用叶层具有空隙透气的特性，热风吹击并穿过叶层，达到萎凋之目的。风温30—38℃，历时1—1.5 h。其间需翻拌1—2次，使萎凋均匀。

3. 做青

做青是交替以摇青、晾青多次反复的工艺过程。做青是形成乌龙茶的关键工序，特殊的花果复合香气和绿叶红镶边就是做青中形成的。摇青：是使茶青发生跳动、旋转、摩擦运动的动态过程。在这一过程中，一方面是促进梗中水分与内含物质往叶片移动，青叶又"还阳"变硬；另一方面使青叶回转翻滚，叶缘细胞及青叶内部组织逐渐破损，促进物质的酶促氧化。晾青：摇青后静置，由于梗中水分通过叶脉输送到叶片，叶片很快恢复活力而"还阳"，进而又开始叶面水的散发，当叶面水散发速度大于梗脉水分补充的速度时，叶片又开始回软下来而"退青"，这时，又进入做青工艺的摇青。经如此有规律的动与静的过程，茶叶发生了一系列生物化学变化。叶缘细胞的破坏，发生轻度氧化，叶片边呈现红色。叶片中央部分，叶色由暗绿转变为黄绿，即所谓的"绿叶红镶边"；同时水分的蒸发和运转，有利于香气、滋味的发展。

做青在专门的做青间内进行，做青间要求清洁卫生，既能控温控湿又能通风透气，做青间温度一般控制在22—28℃，以26℃左右为宜，相对湿度控制在75%—80%为宜。春茶做青时间一般需要8—12 h，摇青5—8次，循序渐进。做青的技术原则要掌握"看青做青、看天做青""循序渐进""勤乌龙，懒水仙"，即根据茶树品种、鲜叶的老嫩度、萎凋程度、上午青与下午青、产地、天气、季节和温湿度等情况不同而采取不同方法。

做青适度叶指标：以第二叶为准（由于第一叶较嫩易做熟，第三、四叶较老而不易做熟），绿叶红镶边，达三红七绿，可用手触、眼看、鼻闻判断。手握青叶有刺手的感觉，轻轻翻动有沙沙声。青叶在灯光下呈清透的亮黄色，部分叶片的叶缘呈朱砂红，近叶缘处呈淡黄红色，靠近主脉叶柄处呈淡黄绿色。由于叶缘细胞破坏，生机减退，其水分蒸发与叶片中间水分蒸发不能平衡所引起的收缩作用，使叶成"汤匙状"，叶面作凸起呈龟背形，茶梗收缩皱起为适度。闻之花果香明显而无明显青气。

4. 杀青

杀青是结束做青工序的标志，是固定做青叶已形成的品质特征的程序。目的在于利用高温破坏酶的活性，抑制多酚类化合物氧化；进一步挥发青气，发展香气；蒸发水分，使叶质变软，便于揉捻。

杀青的方式有机械杀青和手工杀青两种。大规模生产上主要采用滚筒式110型滚筒杀青机，杀青要求：杀熟、杀透、杀匀。做青叶适度叶入锅，发出连续不断的啪啪响声为标准，锅温度一般在 220—280℃，投叶量 15 kg 左右，历时 8—12 min。

杀青适度叶指标：叶质已柔软而有黏手感觉，手握杀青叶成团，折梗不断；叶色转暗，嗅之有熟香气味而无青臭气时即为度。

5. 揉捻

揉捻目的是将杀青叶搓揉成条索，充分揉挤出茶汁，凝于叶表，使茶条紧结重实，成茶耐冲泡。揉捻有手工揉捻与机械揉捻。机械揉捻的配置一般是一台 110 型杀青机配一台 55 型或两台 45 型揉捻机。揉捻时间为 8—12 min，加压原则是"轻、重、轻"。

6. 干燥

干燥的目的是固定品质，发展茶香，茶叶含水率要控制在 5%—7%，有利于贮藏。烘干分毛火与足火两道工序。链板式烘干机一般毛火温度 120—130℃，摊叶厚度 3—4 cm，历时 8—15 min，掌握高温、快速的原则，烘至茶叶微带刺手感。凉索：将初烘的叶子置于水筛上，摊叶厚度 8—12 cm，经过 3—6 h 摊凉，水分重新分布，至凉索叶的色泽变得油亮，手握变软，闻之有熟化的果香，再进行足火烘干。足火的温度 100—120℃左右，摊叶厚度 4—5 cm 为宜，历时 40 min 左右，烘至茶叶色泽乌褐油润、香气馥郁，含水量 5%—7% 为宜。

四、武夷岩茶"岩韵"品质的主要成因（图 7-29—图 7-62）

二维码 7-1
岩韵

二维码 7-2
审评

二维码 7-3
品鉴

武夷岩茶，始于明末清初，以其独特的岩韵品质享誉中外，在我国乃至世界茶叶发展史上占据重要的地位。1959 年，武夷岩茶被评为中国十大名茶之一，2002 年成为国家地理标志保护产品，2006 年武夷岩茶制作技艺被列入首批国家级非物质文化遗产名录。按照国家标准《地理标志产品　武夷岩茶》(GB/T 18745—2006)，武夷岩茶（Wuyi Rock-essence Tea）是指独特的武夷山自然生态环境条件下选用适宜的茶树品种进行无性繁育和栽培，并用独特的传统加工工艺制作而成，具有岩韵（岩骨花香）品质特征的乌龙茶。岩韵，也指"岩骨花香"，是武夷岩茶独特的自然生态环境、适宜的茶树品种、良好的栽培技术和传统而科学的制作工艺等综合形成的香气和滋味。

岩韵是一种有物质基础的品质风味，具体可表现为香气芬芳馥郁、幽雅、持久、有力度；滋味啜之有骨、厚而醇、润滑甘爽，饮后有齿颊留香的感觉。"岩韵"是武夷岩茶品质特征的专业术语，一般运用在香气与滋味上。岩韵的时代特征如下：清代义人梁章钜《归田琐记》中描述武夷岩茶"香、清、甘、活"；近代茶人姚月明描述武夷岩茶"淡非薄，浓非厚"，这六个字不仅是一种茶的品质，更是人生的一种境界，与"君子之交淡如水""真水无香，真味求淡，宋画尚意，空谷幽兰"等有异曲同工之处。近代茶人林馥泉描述武夷岩茶"臻山川精英秀气所钟，岩谷坑涧所滋，品具岩骨花香之胜"。具体的品质表现为清新幽远者为上品、水色橙黄、清澈鲜丽，滋味方面，入口有一股浓厚的馥郁芬芳，入口过喉均感润滑活性，初虽有茶素之苦涩，过后则渐渐生津、甘甜可口。近代茶人张天福描述武夷岩茶，凡茶香种种，有品种香、土壤香、气候香、加工香。武夷岩茶四香具备，为岩韵。武夷岩茶技艺传承人叶启桐描述岩韵是与鲜花相伴相生，天人合一的理想人生（生态的平衡，技艺的平衡）。现代茶人郭雅玲描述岩韵是一种有物质基础的气质。"岩韵"像是物质的协调性带来的美好感受，如音律、色彩等。

"岩韵"是由山场、工艺及品种三个要素交互作用形成，是武夷岩茶品质的一种综合呈现，一般有强弱之分。山场与岩茶品质的"岩韵"有关，良好的立地条件（山场＋管理）赋予了"岩韵"之"岩骨"内质；具体可表征为茶汤的厚度，持久幽长的韵味。工艺影响岩茶品质的"香气与清晰度"，精湛的制作技艺（工艺＋天气）赋予武夷岩茶"岩韵"之"花香"气质，这种天然的花香是加工出来的，因品种不同表现不同的品种香，如"香不过肉桂，醇不过水仙"。品种特性是乌龙茶的突出特点，由不同品种鲜叶的成熟度赋予。特级茶的山场与工艺俱佳，因而岩韵明显。相比其他茶类，武夷岩茶的采摘成熟度高，因此武夷岩茶综合品质中品种个性显。（武夷当家品种有水仙与肉桂，素有"香不过肉桂，醇不过水仙"的说法，一般来说肉桂品种香气突出，表现为桂皮香，花香似栀子花香、桂花香、蜜桃香等。水仙品种滋味醇厚，带有幽雅的兰花香）在品鉴武夷岩茶的过程中要注重识别武夷岩茶的品种特征（品种特征是基于山场与工艺表达出来的），同时要综合识别山场韵味以及工艺所塑造的花果复合香型。岩茶的学习可以从品种茶的品鉴入门。但是，如果一款武夷岩茶品种特征不明显，一般情况是由茶园管理不善或加工不善导致品种特征缺失。另外一种情况，则比较特殊：在茶叶的山场条件与工艺表现卓越的情况下，其品质上更多地表现山场的气息与滋味的厚度以及工艺所赋予的花果香与鲜爽度，这时候品种的特征虽然存在，但相对表现含蓄。

（一）山场为岩韵的"岩骨"内质

山场是影响岩茶品质的其中一个很重要的因素。好的山场要配套合理的管理方式。武夷岩茶独特的岩韵品质与产区内独特的土壤和微域气候息息相关。武夷山市位于福建省北部，在闽、赣两省交界处，全境东西宽 70 km，南北长 72.5 km，位于东经 117°37′22—118°19′44，北纬 27°27′31—28°04′49，地处茶叶生长的黄金地带。武夷山风景名胜区方圆 70 平方千米，属典型的丹霞地貌，由三十六峰、九十九岩及九曲溪所组成碧水丹山之境。武夷山景区以三坑两涧（牛栏坑、慧苑坑、大坑口、流香涧、悟源涧）最为著名，土壤绝大多数为火山砾岩、砾质砂岩、砂质页岩及页岩风化所成。正如陆羽《茶经》称"上者生烂石，中者生砾壤，下者生黄土"，"烂石"为武夷岩茶提供了良好的土壤条件。武夷山山岩谷地，涧水常流，土壤透水性好、水热条件优越，茶树在大量漫射光照射下，茶芽生长旺盛，内含物丰富。

市场上，消费者在品味岩茶的时候，容易识别的一个符号是"山场"。比如马头岩的茶一般会表现出香气高扬的特点，牛栏坑的茶一般会表现出优雅细腻的特点。这主要与山场微域气候以及土壤等有关，马头岩茶山的茶树相对日照时间长，属于凸地；牛栏坑茶山的茶树相对日照时间短，属于凹地。此外，坑、涧、窠，均为两边都有山（岩），中间比较低的地形。都属于山谷，都有其特殊的小气候。

（二）工艺塑造岩韵外在的"花香"气质

武夷岩茶经过初制加工形成馥郁的花果香、醇厚的滋味品质，即所谓的岩韵品质。

而武夷岩茶精制环节的焙火工艺塑造了武夷岩茶不同的火功风格。依据不同的品种与做青程度，焙火的温度和时间不同，火功的程度大致分为轻火、中火和重火等。轻火的香气清幽，滋味醇爽，品种特征显露；中火的香气馥郁，花果香显露，滋味醇厚，岩韵显；重火的火功香显，滋味浓厚，耐泡，叶底蛤蟆皮显露。火功是一种风格，不代表品级高低，因销区不同而异。

（三）众多的种质资源赋予武夷岩茶"岩韵"的丰富性

优异的品种是茶叶品质的基础。不同的茶树品种具有不同的岩韵特征，武夷山茶树种质资源众多，展现武夷岩茶岩韵的丰富性与协调性。为了更好地体会岩韵，需要识别不同茶树品种的特性。清代蒋蘅《武夷茶歌》中曾述"奇种天然真味存，木瓜微酽桂微辛"，讲述的是当时武夷岩茶不同种质的独特个性。武夷岩茶现有茶树种质资源，当家品种有福建水仙、武夷肉桂，素有"香不过肉桂，醇不过水仙"之说。除此之外，武夷岩茶种质资源还有大红袍、名丛、奇种及新品种（高香品种黄观音、瑞香等）。每一个品种都具备独自个性。详见图7-29—图7-62。

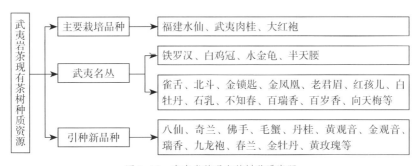

图7-29　武夷岩茶现有茶树种质资源

（1）水仙。原产于福建南平市建阳区小湖乡大湖村，在武夷山茶区种植的历史久远，约在光绪年间传入武夷山，至今有100多年历史。目前，水仙茶是武夷岩茶中栽培面积最广、产量最高、传播最广的品种之一。水仙茶树几乎遍布武夷山所有的茶区，约占武夷山茶园总面积的40%，是武夷山茶区的当家品种。水仙在1985年被认定为国家级优良品种，居"中国国家级茶树良种"48个之首，也是全国41个半乔木大叶型茶树良种之首。在1915年水仙便获得巴拿马国际博览会金奖，当代茶圣吴觉农先生赞扬水仙为"闽茶望族"。

水仙的生物学特征特性：小乔木型，大叶类，中晚生种。植株高大，树姿半开张，叶片椭圆形,叶色深绿,叶质厚。水仙适制性强,制作乌龙茶条索肥壮,香高长似兰花香,味醇厚,回味甘爽。武夷水仙产品有水仙、老丛水仙、陈年水仙。

（2）武夷肉桂,原为武夷名丛之一,灌木型,中叶类,晚生种。肉桂原产福建省武夷山慧苑坑,另一种说法是在马枕峰,1985年被认定为省级品种。肉桂小、中、大开面都可以采摘,不同时间（标准）采摘有不同的香气表现：春茶前期以奶油香为主导,中期花果香,后期桂皮香。肉桂适制乌龙茶,品质优异,品种个性彰显,香气辛锐持久,具桂皮香、奶香或花果香,味醇厚,浓锐。清代蒋蘅曾述"奇种天然真味存,木瓜微酽桂微辛"。可以看出肉桂微辛的特点。闽北的茶以水的厚度取胜,在此基础上肉桂以香著称,香的茶自然更容易得到消费者的喜爱,这是"肉桂热"很重要的一个原因,肉桂就像名人一样容易被看见。此外,在武夷山制茶人多年的技艺研究过程中,肉桂的制作技艺日趋精湛,可制造出肉桂馥郁的香型,类似桂花香、栀子花香、兰花香、蜜桃香、桂皮香、乳香等。

二维码7-4
肉桂

二维码7-5
岩茶的"苦"

（3）大红袍既是茶树品种名,也是商品名和品牌名称。

① 大红袍品种（奇丹）：原是武夷四大名丛之首,堪称武夷茶王,是源自武夷山风景区天心岩九龙窠岩壁上的母树,经过科研攻关（1964年福建省农科院茶叶研究所从武夷山九龙窠母树上剪穗引种保存,1985年武夷山市茶叶研究所从福建省农科院茶叶研究所引回扩种、推广）,获得繁育、栽培成功,2012年通过省级审定为品种（证书编号：审2012-42）,属于灌木型、中叶类、晚生种（5月中旬左右）,其芽叶生育能力较强,发芽较密,持嫩性较强。据1941年林馥泉《武夷茶叶之生产制造及运销》记载："大红袍可冲至第九次,尚不脱原茶之真味——桂花香。"现武夷山近十几年摸索而生产的大红袍品种的评审结果,与林馥泉所言相似。制作出的优良大红袍香气优雅、馥郁芬芳似桂花香、兰花香,又似竹叶与粽叶香,微辛,滋味醇厚回甘,岩韵明显,是武夷岩茶的珍品。20世纪80年代以来,大红袍具有较大规模的推广面积。昔日进贡皇家的御品,如今进入寻常百姓家。

1985年,第一款商品大红袍出现,结束了武夷山"散装茶"的历史,也开创了茶"小烟盒"的历史。1990年,83岁茶人陈椽教授给大红袍题字。2004年,一盒20 g母树大红袍以16.6万港元的拍卖成交价创历史记录,武夷山大红袍再次扬名世界。2005年,最后一次采摘自大红袍母树的20 g茶叶被中国国家博物馆珍藏,之后,武夷山将不再制作母树大红袍茶叶。

② 商品大红袍：包括大红袍品种和拼配大红袍。大红袍品种指用大红袍品种的鲜叶加工而成的成品茶,品种特征典型,馥郁芬芳似桂花香、粽叶香、微辛,滋味醇厚回甘；拼配大红袍是以武夷岩茶为原料,通过合理拼配而成的成品茶,风格丰富,如清香、醇香、浓香、足火香、陈香等。由于各种原因,诸如茶树品种不同、地域不同、批次不同、工艺不同等,毛茶在风格上有一定的差异,成茶品质及风格也就有所差别。通过合理的拼配,可以互相取长补短,达到调和品质,统一规格标准的目的,保证商品大红袍品质的一致性,使其符合《地理标志产品　武夷岩茶》(GB/T 18745—2006)国家标准的质量等级要求。可以说,大红袍是武夷岩茶的集大成者,"清则幽远,锐则浓长"这八字可概括其内涵。商品大

红袍风格丰富，有清香、醇香、浓香、足火香、陈香等。

③ 大红袍品牌：大红袍历史悠久，文化底蕴丰厚，品质高贵，风格独特，有武夷茶王之美誉，匪声海内外，为武夷岩茶的佼佼者，知名度极高，2001 年"武夷山大红袍"注册为地理标志证明商标。为更好地宣传武夷山和武夷茶，政府借助大红袍来宣传，从而产生大红袍的品牌效应。

（四）"岩韵"个人的主观感受

在品味武夷岩茶的过程中，不同的个体对武夷岩茶感官品质的认知存在差异，一般会经历三个阶段：香、韵、陈。其中"香"主要指的是岩茶的品种香与工艺香，在学习岩茶的初级阶段主要是识别香，特别要注意区分不同的火功香，火功代表一种风格，因销区不同而有别，不代表品级高低。"韵"指的是独特的山场赋予岩茶汤感的厚度与韵味，此为体会岩韵的第二阶段。"陈"指的是因时间造化岩茶所产生的馥陈，此为体会岩韵的第三阶段。

学习武夷岩茶的路径：其一，多品标杆茶；其二，了解茶源地理（走进茶产区，方识杯中之山水茶韵）。

五、武夷岩茶的认知方式

初识岩茶的人士，多半觉得其浓苦而已；而资深人士，则深知武夷岩茶的奥妙。

清代袁枚《随园食单·茶酒单·武夷茶》中说道："余向不喜武夷茶，嫌其浓苦如饮药然。丙午秋，余游武夷，到幔亭峰、天游寺诸处，僧道争以茶献。杯小如胡桃，壶小如香橼，每斟无一两，上口不忍遽咽，先嗅其香，再试其味，徐徐咀嚼而体贴之，果然清芬扑鼻，舌有余甘。一杯以后，再试一二杯，释躁平矜，怡情悦性。始觉龙井虽清，而味薄矣；阳羡虽佳，而韵逊矣。颇有玉与水晶品格不同之故。故武夷享天下盛名，真乃不忝，且可以瀹至三次，而其味犹未尽。"袁枚从不喜武夷茶到高度赞誉武夷茶，也说明品鉴武夷岩茶需要工夫，方能渐入佳境。正如鲁迅先生所说的有工夫与练出来的感觉。

通过一杯岩茶感知岩韵（岩骨花香），识得杯中山水。在体验方式上可结合岩茶审评与岩茶品赏，并走进茶区的方式拓展对岩韵的认知。武夷岩茶的审评与武夷岩茶品鉴的交互体验学习能加深对武夷岩茶的认识。

（1）茶叶审评指茶叶品质的感官鉴定。岩茶的审评包含三看，三闻，三品，三回味。武夷岩茶的审评学习可以设计代表性的主题。

（2）岩茶的品赏则无固定的标准，因品饮环境、岩茶本身的丰富性产品（品种、火功、山场、年份等角度）、水质、器具、冲泡者的状态而异。武夷岩茶比较常见的冲泡方法一般有盖碗法或紫砂壶法。

（3）体验者通过走进茶区能够更好地建立地域特性、工艺特征与品质之间的关联。走进茶区，能拉近茶杯与茶山之间的距离。活动后，体验者通过联觉、通感等心理，有助于

图 7-30 武夷岩茶产区

（资源来源：中华人民共和国国家质量监督检验检疫总局，中国国家标准化管理委员会.地理标志产品 武夷岩茶 [S].2006）

图 7-31 武夷岩茶核心产区（三坑两涧）

图 7-32 大坑口

图 7-33 牛栏坑

图 7-34 慧苑坑

图 7-35 流香涧

图 7-36 悟源涧

图 7-37 内鬼洞

图 7-38 九龙窠

图 7-39 竹窠

图 7-40 马头岩

图 7-41 武夷山景区内涧水常流

图 7-42 天游峰

图 7-43 流香涧的植被之一（石菖蒲）

图7-44 武夷山生态茶园燕子窠

图7-45 武夷学院生态茶园

图7-46 星村九曲（〔英〕福琼，1843）

武夷岩茶初制工艺流程图（手工）：鲜叶→萎凋→做青→杀青→揉捻→干燥

图7-47 武夷岩茶初制工艺流程图

图 7-48 武夷水仙茶树

图 7-49 老丛水仙茶树

图 7-50 武夷水仙品种鲜叶

图 7-51 武夷肉桂茶树

图 7-52 武夷肉桂品种鲜叶

图 7-53 武夷大红袍茶树

图 7-54 武夷四大名丛鲜叶

图 7-55　1985 年第一盒大红袍（状元拜山图）

图 7-57　不同风格的商品大红袍

图 7-58　武夷岩茶审评场景

图 7-59　不同风格的武夷岩茶汤色

图 7-56　1990 年八三茶人陈椽题大红袍

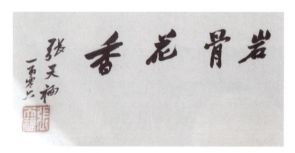

图 7-60　岩骨花香

图 7-61　浓非厚，淡非薄　　图 7-62　味外味

体验者心理上的品茗空间变得立体又形象，能更好地感知杯中之山水茶韵。正所谓一碗茶汤见真情，识真味。

六、青茶的审评要点

青茶审评要点与评分表见表 7-2 与表 7-3。

表 7-2 青茶的审评要点

项目	审评要点
形状	以颗粒重实、条索壮结为好，忌扁条、碎、爆点、花杂
干茶色泽	以乌润、调匀为优，忌枯杂
汤色	以金黄亮、橙黄亮、橙红亮为宜，忌暗、青浊、浑浊
香气	以馥郁、细腻、高爽、持久为优，忌青气、酵气、劣异气、烟气
滋味	以醇厚甘爽为好，忌苦涩、异味、粗浓、酵味、淡薄、高火味
叶底	柔软匀亮为优，忌花青、乌条、粗硬、暗红张、死红张

表 7-3 乌龙茶品质评语与各品质因子评分表

因子	级别	品质特征	给分	评分系数
外形（a）	甲	重实、紧结，品种特征或地域特征明显，色泽油润，匀整，净度好	90—99	20%
	乙	较重实、较壮结，有品种特征或地域特征，色润，较匀整，净度尚好	80—89	
	丙	尚紧实或尚壮实，带有黄片或黄头，色欠润，欠匀整，净度稍差	70—79	
汤色（b）	甲	色度因加工工艺而定，可从蜜黄加深到橙红，但要求清澈明亮	90—99	5%
	乙	色度因加工工艺而定，较明亮	80—89	
	丙	色度因加工工艺而定，多沉淀、欠亮	70—79	
香气（c）	甲	品种特征或地域特征明显，花香、花果香浓郁，香气优雅纯正	90—99	30%
	乙	品种特征或地域特征尚明显，有花香或花果香，但浓郁与纯正性稍差	80—89	
	丙	花香或花果香不明显，略带粗气或老火香	70—79	
滋味（d）	甲	浓厚甘醇或醇厚滑爽	90—99	35%
	乙	浓醇较爽，尚醇厚滑爽	80—89	
	丙	浓尚醇，略有粗糙感	70—79	

续表

因子	级别	品质特征	给分	评分系数
叶底（e）	甲	叶质肥厚软亮，做青好	90—99	10%
	乙	叶质较软亮，做青较好	80—89	
	丙	稍硬，青暗，做青一般	70—79	

七、青茶的感官审评术语

评茶术语是记述茶叶品质感官评定结果的专业性用语，正确理解和运用评茶术语需要一定的专业功底。根据《茶叶感官审评术语》（GB/T 14487—2017），茶类通用审评术语适用于青茶。此外，青茶常用的审评术语如下，供评茶时参考。

（一）干茶形状

（1）蜻蜓头：茶条叶端卷曲，紧结沉重，状如蜻蜓头。

（2）壮结：茶条肥壮结实。

（3）壮直：茶条肥壮挺直。

（4）细结：颗粒细小紧结或条索卷紧细小结实。

（5）扭曲：茶条扭曲，叶端折皱重叠。扭曲是闽北乌龙茶特有的外形特征。

（6）尖梭：茶条长而细瘦，叶柄窄小，头尾细尖如菱形。

（7）粽叶蒂：干茶叶柄宽、肥厚，如包粽子的粽叶的叶柄，包揉后茶叶平伏，铁观音、水仙、大叶乌龙等品种有此特征。

（8）白心尾：驻芽有白色茸毛包裹。

（9）叶背转：叶片水平着生的鲜叶，经揉捻后叶面顺主脉向叶背卷曲。

（二）干茶色泽

（1）砂绿：似蛙皮绿，即绿中似带砂粒点。

（2）青绿：色绿而带青，多为雨水青、露水青或做青工艺走水不匀引起"滞青"而形成。

（3）乌褐：色褐而泛乌，常为重做青乌龙茶或陈年乌龙茶之外形色泽。

（4）褐润：色褐而富光泽，为发酵充足、品质较好之乌龙茶色泽。

（5）鳝鱼皮色：干茶色泽砂绿蜜黄，富有光泽，似鳝鱼皮色。鳝鱼皮色是水仙等品种特有的色泽。

（6）象牙色：黄中呈赤白。象牙色是黄金桂、赤叶奇兰、白叶奇兰等特有的品种色。

（7）三节色：茶条叶柄呈青绿色或红褐色，中部呈乌绿或黄绿色、带鲜红点，叶端呈朱砂红色或红黄相间。

（8）香蕉色：叶色呈翠黄绿色，像刚成熟香蕉皮的颜色。

（9）明胶色：干茶色泽油润有光泽。

（10）芙蓉色：在乌润色泽上泛白色光泽，犹如覆盖一层白粉。

（11）红点：做青时叶中部细胞破损的地方，叶子的红边经卷曲后，都会呈现红点，以鲜红点品质为佳，褐红点品质稍次。

（三）汤色

（1）蜜绿：浅绿略带黄，似蜂蜜，多为轻做青乌龙茶之汤色。

（2）蜜黄：浅黄似蜂蜜色。

（3）绿金黄：金黄泛绿，为做青不足之表现。

（4）金黄：以黄为主，微带橙黄，有浅金黄、深金黄之分。

（5）清黄：黄而清澈，比金黄色的汤色略淡。

（6）茶油色：茶汤金黄明亮有浓度。

（7）青浊：茶汤中带绿色的胶状悬浮物，为做青不足、揉捻重压而造成。

（四）香气

（1）粟香：经中等火温长时间烘焙而产生的如粟米的香气。

（2）奶香：香气清高细长，似奶香，多为成熟度稍嫩的鲜叶加工而形成。

（3）酵香：似食品发酵时散发的香气，多由做青程度稍过度或包揉过程未及时解块散热而产生。

（4）辛香：香气高而有刺激性，微带青辛气味，俗称线香，为梅占等品种香。

（5）黄闷气：闷浊气，包揉时由于叶温过高或定型时间过长闷积而产生的不良气味。也有因烘焙过程火温偏低或摊焙茶叶太厚而引起。

（6）闷火：乌龙茶烘焙后未适当摊凉而形成的一种令人不快的火气。

（7）硬火：热火烘焙火温偏高，时间偏短，摊晾时间不足即装箱而产生的火气。

（五）滋味

（1）岩韵：武夷岩茶特有的地域风味。

（2）音韵：铁观音所特有的品种香和滋味的综合体现。

（3）粗浓：味粗而浓。

（4）酵味：做青过度而产生的不良气味，汤色常泛红，叶底夹有暗红张。

（六）叶底

（1）红镶边：做青适度，叶边缘呈鲜红或朱红色，叶中央黄亮或绿亮。

（2）绸缎面：叶肥厚，有绸缎花纹，手摸柔滑有韧性。

（3）滑面：叶肥厚，叶面平滑无波状。

（4）白龙筋：叶背叶脉泛白，浮起明显，叶张软。

（5）红筋：叶柄、叶脉受损伤，发酵泛红。

（6）糟红：发酵不正常和过度，叶底褐红，红筋红叶多。

（7）暗红张：叶张发红而无光泽，多为晒青不当造成灼伤或发酵过度而产生。

（8）死红张：叶张发红，夹杂伤红叶片，为采摘、运送茶青时人为损伤和闷积茶青或晒青、做青不当而产生。

第二节　青茶主题审评实验设计

一、实验目的

掌握青茶审评方法，认识不同青茶的品质特征，熟悉青茶审评术语。

二、实验审评主题方案设计与仪器设备

（一）青茶审评主题方案设计

（1）闽北乌龙茶、闽南乌龙茶、广东乌龙茶与台湾乌龙茶的代表茶。详见图 7-63 和表 7-4。

（2）武夷岩茶代表品类。详见图 7-64 和表 7-5。

（3）武夷四大名丛主题。详见图 7-65、图 7-66 和表 7-6。

（4）武夷岩茶等级主题（水仙、肉桂、大红袍）。详见表 7-7—表 7-9 和图 7-67。

（5）武夷岩茶火功主题（水仙、肉桂、大红袍）。详见图 7-68 和表 7-10。

（6）闽南乌龙茶四大当家代表。详见表 7-11 和图 7-69。

（7）闽南铁观音等级主题（清香与浓香）。详见表 7-12、表 7-13 和图 7-70。

（二）实验设备

干评台、湿评台、样茶盘、茶样秤、审评杯碗、叶底盘、品茗杯、茶匙、砂时计或计时钟、电热壶、吐茶筒等。

图 7-63 青茶代表主题审评

表 7-4 青茶代表主题感官品质特征表

序号	品类	外形	汤色	香气	滋味	叶底
1	武夷岩茶	条索肥壮、乌褐、匀净	橙红明亮	馥郁花果显	醇厚、岩韵明	较柔软，蛤蟆背显
2	凤凰单丛	条索紧结、青褐、匀净	橙黄明亮	花蜜香	浓厚、山韵明	柔软黄亮
3	东方美人	条索紧实、乌润、匀净	浅橙红明亮	花蜜香、嫩香	鲜醇甘爽	红亮匀齐
4	铁观音	颗粒重实、砂绿润、匀整	黄绿明亮	花香清高	醇厚甘爽	黄绿带红边柔软
5	漳平水仙	砖面平整，黄绿带红边	橙黄明亮	花香高	醇厚甘爽	黄绿红边显柔软

图 7-64 武夷岩茶代表品类审评主题

表 7-5 武夷岩茶代表品类品质特征表

序号	品种	外形	汤色	香气	滋味	叶底
1	水仙	条索壮结带乌润，匀净	橙红明亮	兰花香	醇厚	软亮，绿叶红边，叶基部宽扁黄
2	肉桂	条索紧结乌润，匀净	橙黄明亮	桂皮香明显	醇厚	软亮，绿叶红边
3	大红袍	条索紧结乌润，匀净	橙红明亮	棕叶香，辛香，桂花香	醇厚	较软亮，绿叶红边
4	雀舌	条索紧实乌润，匀净	橙黄明亮	花粉香	醇厚	软亮，绿叶红边，叶缘锯齿明显
5	瑞香	条索紧结青褐，匀净	金黄明亮	果香	较醇厚	软亮，绿叶红边

图 7-65　武夷四大名丛

图 7-66　白鸡冠鲜叶与叶底

表 7-6　名丛的感官品质要求，根据《地理标志产品　武夷岩茶》(GB/T 18745—2006)(不分级)

外形				内质			
形状	色泽	整碎	净度	汤色	香气	滋味	叶底
紧结、壮实	稍带宝色或油润	匀整	洁净	清澈、艳丽、呈深橙黄色	较锐、浓长或幽、清远	岩韵明显、醇厚、回甘快、杯底有余香	软亮匀齐、红边或带朱砂色

表 7-7 水仙的感官品质要求，根据《地理标志产品　武夷岩茶》(GB/T 18745—2006)

级别	外形				内质			
	形状	色泽	整碎	净度	汤色	香气	滋味	叶底
特级	壮结	油润	匀整	洁净	金黄清澈	浓郁鲜锐、特征明显	浓爽鲜锐、品种特征显露、岩韵明显	肥嫩软亮、红边鲜艳
一级	壮结	尚油润	匀整	洁净	金黄	清香特征显	醇厚、品种特征显、岩韵明	肥厚软亮、红边明显
二级	壮实	稍带褐色	较匀整	较洁净	橙黄稍深	尚清纯、特征尚显	较醇厚、品种特征尚显、岩韵尚明	软亮、红边尚显
三级	尚壮实	褐色	尚匀整	尚洁净	深黄泛红	特征稍显	浓厚、具品种特征	软亮、红边欠匀

表 7-8 肉桂的感官品质要求，根据《地理标志产品　武夷岩茶》(GB/T 18745—2006)

级别	外形				内质			
	形状	色泽	整碎	净度	汤色	香气	滋味	叶底
特级	肥壮紧结、沉重	油润，砂绿明，红点明显	匀整	洁净	金黄清澈明亮	浓郁持久，似有乳香或蜜桃香或桂皮香	醇厚鲜爽、岩韵明显	肥厚软亮、匀齐红边明显
一级	较肥壮结实、沉重	油润，砂绿较明，红点较明显	较匀整	较洁净	橙黄清澈	清高幽长	醇厚尚鲜、岩韵明显	软亮匀齐、红边明显
二级	尚结实，卷曲、稍沉重	乌润，稍带褐红色或褐绿	尚匀整	尚洁净	橙黄略深	清香	醇和岩韵略显	红边欠匀

表 7-9 大红袍的感官品质要求，根据《地理标志产品　武夷岩茶》(GB/T 18745—2006)

级别	外形				内质			
	形状	色泽	整碎	净度	汤色	香气	滋味	叶底
特级	紧结、壮实、稍扭曲	带宝色或油润	匀整	洁净	清澈、艳丽、呈深橙黄色	锐、浓长或幽、清远	岩韵明显、醇厚、回甘甘爽、杯底有余香	软亮匀齐、红边或带朱砂色
一级	紧结、壮实	带宝色或油润	匀整	洁净	较清澈、艳丽、呈深橙黄色	浓长或幽、清远	岩韵显、醇厚、回甘快、杯底有余香	较软亮匀齐、红边或带朱砂色
二级	紧结、较壮实	油润、红点明显	较匀整	洁净	金黄清澈、明亮	幽长	岩韵显、醇厚、回甘、杯底有余香	较软亮、较匀齐、红边较显

图 7-67 武夷岩茶等级主题（水仙、肉桂、大红袍）

图 7-68 武夷岩茶火功主题（水仙、肉桂、大红袍）

表 7-10 不同火功的武夷岩茶感官品质特征表

品种	火功	外形	汤色	香气	滋味	叶底
水仙	轻火	条索肥壮、青褐、匀净	金黄、较明亮	花香高似兰花香	醇爽、岩韵明显	黄绿红边明显、软亮
水仙	中火	条索肥壮紧结、乌褐、匀净	橙黄明亮	花香带甜香	醇厚、岩韵明显	较柔软，蛤蟆背显
水仙	重火	条索紧实、乌润、匀净	橙红明亮	果香，熟香，火功香	浓厚、岩韵明显	稍硬，蛤蟆背明显
肉桂	轻火	条索紧结、青褐、匀净	金黄、较明亮	花香高，桂皮香显	醇爽、岩韵明显	黄绿红边明显、软亮
肉桂	中火	条索紧实、乌褐、匀净	橙黄明亮	花香带果香	醇厚、岩韵明显	较柔软，蛤蟆背显
肉桂	重火	条索紧实、乌润、匀净	橙红明亮	果香，熟香，火功香	浓厚、岩韵明显	稍硬，蛤蟆背明显
大红袍	轻火	条索紧结、青褐、匀净	金黄、较明亮	花香馥郁	醇爽、岩韵明显	黄绿红边明显、软亮
大红袍	中火	条索紧结、乌褐、匀净	橙黄明亮	花果香	醇厚、岩韵明显	较柔软，蛤蟆背显
大红袍	重火	条索紧实、乌润、匀净	橙红明亮	果香，熟香，火功香	浓厚、岩韵明显	稍硬，蛤蟆背明显

表 7-11 闽南乌龙茶四大当家代表感官品质特征表

序号	品种	外形	汤色	香气	滋味	叶底
1	铁观音	壮实沉重，砂率润，匀净	金黄带绿、明亮	较清高持久	清醇较爽、音韵较显	较软亮、尚匀整
2	黄金桂	紧结卷曲，黄绿油润，匀净	金黄明亮	高强清长，香型优雅，有"露在其外"之感，俗称"透天香"	清醇鲜爽	柔软黄绿明亮、红边鲜亮
3	本山	壮实沉重，梗鲜亮、较细瘦，如"竹子节"，色泽鲜润如"香蕉色"	金黄或橙黄明亮	似观音，较清淡	醇厚鲜爽	黄绿，主脉明显、呈白色
4	毛蟹	紧结，色泽乌绿或乌润	黄明	较高	浓醇	软亮、匀整

图 7-69 闽南乌龙茶四大当家代表主题

表 7-12 清香型铁观音感官品质要求,根据《乌龙茶 第2部分:铁观音》(GB/T 30357.2—2013)

级别	外形				内质			
	形状	色泽	整碎	净度	汤色	香气	滋味	叶底
特级	紧结、重实	翠绿润、砂绿明显	匀整	洁净	金黄带绿、清澈	清高、持久	清醇鲜爽、音韵明显	肥厚软亮、匀整
一级	紧结	绿油润、砂绿明	匀整	净	金黄带绿、明亮	较清高持久	清醇较爽、音韵较显	较软亮、尚匀整
二级	较紧结	乌绿	尚匀整	尚净、稍有细嫩梗	清黄	稍清高	醇和、音韵尚明	稍软亮、尚匀整
三级	尚结实	乌绿、稍带黄	尚匀整	尚净、稍有细嫩梗	尚清黄	平正	平和	尚匀整

表 7-13 浓香型铁观音感官品质要求，根据《乌龙茶 第 2 部分：铁观音》（GB/T 30357.2—2013）

级别	外形				内质			
	形状	色泽	整碎	净度	汤色	香气	滋味	叶底
特级	紧结、重实	乌油润、砂绿显	匀整	洁净	金黄、清澈	浓郁	醇厚回甘、音韵明显	肥厚、软亮匀整、红边明
一级	紧结	乌润、砂绿较明	匀整	净	深金黄、明亮	较浓郁	较醇厚、音韵明	较软亮、匀整、有红边
二级	稍紧结	黑褐	尚匀整	较净、稍有嫩梗	橙黄	尚清高	醇和	稍软亮、略匀整
三级	尚紧结	黑褐、稍带褐红点	稍匀整	稍净、有嫩梗	深橙黄	平正	平和	稍匀整、带褐红色
四级	略粗松	带褐红色	欠匀整	欠净、有梗片	橙红	稍粗飘	稍粗	欠匀整、有粗叶及褐红叶

图 7-70 清香型与浓香型铁观音等级主题审评

三、实验方法与步骤

（1）正确选配青茶的审评器具，按要求烫杯，摆放。
（2）对外形（形状、色泽、匀度、净度）审评，记录干评结果。
（3）青茶审评分盖碗审评法与柱形杯审评法。

① 盖碗审评方法

a. 取茶样 5 g，置于 110 mL 倒钟形评茶杯中，按照茶水比 1∶22 冲泡。

b. 第一次冲泡 2 min。1 min 后揭盖，嗅盖香，评茶样香气，2 min 后滤茶汤，评汤色、滋味。

c. 第二次冲泡 3 min。1—2 min 后揭盖，嗅盖香，评茶样香气，3 min 后滤茶汤，评汤色、滋味。

d. 第三次冲泡 5 min。2—3 min 后揭盖，嗅盖香，评茶样香气，5 min 后滤茶汤，评汤色、滋味。

e. 结果以第二次冲泡为主要依据，综合第一、三次，统筹评判。

② 柱形杯审评方法

取茶样 3 g，茶水比 1∶50 冲泡，按汤色、香气、滋味、叶底的顺序逐项审评。

注：条形、卷曲型青茶冲泡时间为 5 min，圆结、卷曲、颗粒型青茶冲泡时间则为 6 min。

（4）选取一款青茶代表样，用盖碗或壶进行日常冲泡，与审评法对比，感受品质异同。
（5）清洗器具并归位。
（6）完成实验报告。

第三节　青茶茶品冲泡品鉴（以大红袍为例）

一、实验背景

汤醇水厚，香高韵远，以独树一帜的"香、水、韵"，谱写大红袍的传世之奇。大红袍的母树生长于武夷山九龙窠岩壁之上，属于不折不扣的茶界明星！传说的赋予、文化的渲染、工艺的传承。以大红袍为代表的武夷岩茶兼容并蓄，博大精深。大红袍的多元性，使得它饱受关注及争议，有着别具一格的吸引力。1964 年福建省农科院茶叶研究所从武夷山九龙窠母树上剪穗引种保存，1985 年武夷山市茶叶研究所从福建省农科院茶叶研究所引回扩种、推广，2012 年通过省级审定，被确定为省级品种。大红袍芽叶生育能力较强，发芽较密，持嫩性较强，制作出优良的大红袍香气优雅、馥郁芬芳似桂花香、微辛，滋味醇厚回甘，是武夷岩茶的珍品。20世纪80年代以来，大红袍获得较大规模的推广。而今的大红袍，概念丰富，有品种概念、商品概念等等。而母本大红袍，则指的是从母树大红袍植株剪枝扦插种植推广的茶树品种，为母本大红袍之"后裔"，一脉相承。

深秋的清晨游走丹霞地貌的武夷山景区，体会曹丕的《芙蓉池作诗》中写到的"丹霞夹明月，华星出云间"，听着导游娓娓道来的报恩故事。"传说明朝洪武十八年，举子丁显上京赴考，路过武夷山时腹痛难忍，巧遇天心永乐禅寺一和尚，和尚取九龙窠采制的茶叶冲泡给他喝，病痛即止。考中状元之后，前来致谢和尚，派人将天心寺整修一新。此时正值制茶季节，和尚特地将制作好的九龙窠茶叶送给状元。状元回朝后，恰遇皇后得病，百医无效，便将和尚所送九龙窠茶叶献上，皇后饮后身体渐康，皇上大喜，御赐红袍命状元前往九龙窠披到茶树上，并派专人看护，往后大红袍采制茶叶悉数进贡，不得私匿。"从此，这几株茶树就有了大红袍的名字，同时也成为专供皇家享受的贡茶。听完这个故事，突然心生念想，游走在海外以及异地的学子，需要回到自己的家乡为家乡建设发展做出贡献，来报答养育之恩。素素茶友准备了一处清幽雅静之席，一套精美的茶具，一杯馥郁芬芳的大红袍。素素茶友想把一份感恩之心和岩茶的尊贵之意，传递给自己的朋友。

二、实验目的

（1）能根据宾客的需求，准备符合标准品质要求的武夷大红袍。
（2）能根据大红袍的品质特征，选择合适的冲泡用水和器具。
（3）能运用适合的冲泡方法，为宾客冲泡大红袍。
（4）能为宾客冲泡均衡、层次感好、温度适宜的茶汤。

三、实验方案设计

武夷岩茶比较常见的冲泡方法一般有盖碗法或紫砂壶法。详见图7-71—图7-75和表7-14。本次实验采用盖碗分汤法。

1. 茶水比

大红袍茶水分离泡法，一般茶水比例为1:15，即110 mL的9分满水位的情况下，放入7克的茶叶。（可视具体口味调整比例）

2. 冲泡流程

布席：茶客入席，赏茶，温盖碗，置茶，三道冲泡（第一道出汤，分茶，奉茶，品茗。第二道出汤，分茶，品茗。第三道出汤，分茶，品茗），收具谢礼。详见图7-76—图7-99。乌龙茶冲泡流程示意见图7-100。

三道汤：第一道汤（沸水，10 s出汤），第二道汤（沸水，8 s左右出汤），第三道汤

（沸水，15 s左右出汤），第二道、第三道的茶汤渐入佳境。总体要求三泡茶汤均衡度、层次感好，温度适宜。这种方法可以品鉴茶汤内质的层次感，感受每一道茶汤的细微变化。视实际情况，大红袍可冲泡7—9道，余韵悠长。

滚杯：将"品"字形摆放最上方的品杯拿起扣放在第二只杯子的上方，用右手的三个手指，中指或无名指在杯子的底部，大拇指和食指轻轻扶住杯后边沿，向前进行滚动一周将第一个杯子复位，再将第二只杯子扣放在第三只杯子上方，重复前面的第一只杯子的滚杯方式，第三只杯子直接拿起逆时针旋转一圈后直接倒夫杯子的热水。

摇干茶香：右手将盖碗拿起，用盖碗的一侧轻轻撞击左手收腹，连续3—4下完成摇香，此刻打开盖碗盖一道缝隙，闻茶香香气馥郁，甜果香显。

冲泡：提壶注水入盖碗，水温要求沸水，从盖碗的3点钟位置注水，逆时针方向到盖碗11点钟的位置停顿片刻，让盖碗中的茶叶随着水流的冲力旋转，等到水位满到7分时，回到3点钟的位置停顿待水注完后将提梁壶复位。此注水方法的目的是让盖碗中的茶叶充分跟水接触，为一杯融合饱满的茶汤做好基础。

出汤分茶：大红袍的冲泡无需坐杯，注水盖盖后立即出汤。将茶汤沥出至三只品茗杯内，盖碗的盖子往左开一道缝隙，右手食指放至在盖钮上方，中指和大拇指捏住盖碗的凹陷处，中指在盖碗圆的1点钟的位置，大拇指在盖碗圆的7点钟的位置，单手拿起盖碗沥出茶汤，顺序依然按照"品"字形摆放的最上方的为第一只，逆时针方向有节奏旋转循环沥汤，最后将盖碗内最后几滴茶汤滴在茶汤颜色较浅或水位较低的那只杯中，确保三杯茶汤浓度均匀，水位均在9分满。

图7-71　乌龙茶盖碗冲泡

图7-72　乌龙茶紫砂壶冲泡

图 7-73　侧把陶壶泡乌龙茶

图 7-74　茶房四宝
（玉书碨、潮汕炉、孟臣壶、若深杯）

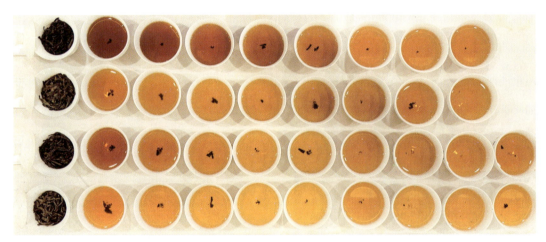

图 7-75　武夷岩茶日常冲泡品鉴参考

表 7-14　武夷岩茶日常冲泡品鉴参考参数（盖碗 110 mL）

岩茶类型	冲泡次数 / 时间								
	1	2	3	4	5	6	7	8	9
轻火岩茶	15 s	10 s	15 s	20 s	25 s	35 s	50 s	60 s	
中火岩茶	10 s	6—8 s	10 s	12 s	15 s	20 s	25 s	35 s	50 s
陈年岩茶	8 s	5 s	7 s	8 s	10 s	15 s	20 s	30 s	

注：思考不同类型的岩茶冲泡次数与时间的辩证关系。

图 7-76　待客入席

图 7-77　行礼

图 7-78　赏茶（条索肥壮，乌润）

图 7-79　温盖碗

图 7-80　温品杯

图 7-81　置茶

图 7-82　摇香

图 7-83　滚杯

图 7-84　第二个杯了的温杯方法

图 7-85　在盖碗3点的位置冲泡

图 7-86　在盖碗11点的位置停顿

图 7-87　出汤（关公巡城）

图 7-88　均匀茶汤（韩信点兵）

图 7-89　取杯托

图 7-90　取品杯置于杯托上

图 7-91　奉茶

图 7-92　伸掌礼

图 7-93　第一道汤色橙黄明亮（沸水，10 s）

图 7-94　品茗

图 7-95　收杯

图 7-96　第二道茶汤（沸水，8 s）

图 7-97　第三道汤（沸水，15 s）

图 7-98　收具

图 7-99　谢礼

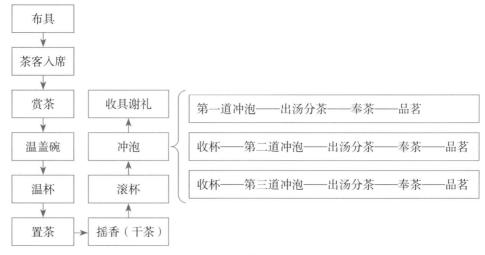

图 7-100　乌龙茶冲泡流程示意图

奉茶：沥完茶汤后盖碗复位，沥出茶汤后盖碗盖子是否需要打开，根据茶叶的品质老嫩度和水温的高低以及天气的冷暖，若冲泡的水温掌握到位，盖碗的盖子无需打开。奉茶时左手先将准备在茶席上的杯托拿起，右手将壶承内的杯子依次拿起，先将品茗杯在茶巾上放一下，让茶巾吸取杯子底部的水迹，再放置于杯托上双手端杯托两侧，奉至宾客右手侧，奉茶时要注意长幼有序，并行伸掌礼示意茶客"请品茶"。

品茗：双手端起杯托至身前，左手单手端杯托，右手以三龙护鼎的方式持杯，先闻茶香再观汤色后品茶味。这款茶蕴岩骨花香之真，蜜果香显，汤色清澈艳丽，果胶感足，茶汤甜润细腻，滋味甘甜。

四、实验材料与泡茶器具

（一）实验材料

符合标准品质的大红袍茶。

（二）泡茶器具选配

布席、布具要根据所冲泡茶叶的特点，配备合适的器皿，才能在冲泡过程中呈现出茶的最佳品质，这是泡茶的前提条件。所备器具在式样、材质、大小方面要做到适用，茶席的色彩符合大红袍的特点，与大红袍的品质特征相符合，营造出尊贵之意。本次实验大红袍茶盖碗茶汤分离法茶具选配参考见表 7-15。

表 7-15 大红袍盖碗分汤法茶具选配

种类	设备名称	技术规格	数量
主茶具	粉彩盖碗	容量：120 mL	1
	隋黄釉品茗杯	容量：30 mL	3
辅茶具	不锈钢电烧水壶	容量：600 mL	1
	玻璃壶承	圆形，直径 14 cm×高 5 cm	1
	翡翠原矿釉壶承	圆形，直径 15 cm×高 5 cm	11
	黄杨木茶荷	长：10 cm 宽：8 cm	1
	玻璃水盂	容量：500 mL	1
	玻璃盖置	高：2.5 cm	1
辅茶具	黄杨木茶匙	长：19 cm	1
	锡杯垫	圆形直径：7 cm	3
	茶巾（茶色）	长：30 cm 宽：30 cm	1
	茶匙架（银）	长：40 cm	1
	棉麻茶席（明黄色、灰绿色）防水山水茶席（白底）	长：180 cm 宽：20 cm	3

五、茶客的品后感

鲁迅在《喝茶》里头说："有好茶喝，会喝好茶，是一种'清福'，不过要享这'清福'，首先就须有工夫，其次是练习出来的特别的感觉。"品味一杯大红袍大致就是这种感觉。

深秋之时在清幽雅静之所，准备好一套精美的茶具，走一个完整的品茶流程，风雅与趣味共生，愉悦也油然而起。今日所品饮的大红袍，聚齐了其臻山川精英之秀气，蕴岩谷花香之真。在品第一道时，蜜果香清滋味甘甜。到了第二道茶汤，甜果香浓郁，滋味清冽，细腻有力度，饱满，茶香落水，花香弥漫，品种特征显，挂杯香持久，花香显。到了第三道，花香浓郁，滋味绵柔细腻，口腔中有花果香回味，挂杯香花香弥漫。喝着一道又一道的茶，听着一则又一则大红袍的故事。"滴水之恩，涌泉相报；一饭之恩，千金酬之"……在浩如烟海的典籍中，源远流长的文化里，记载和传说着许多以善相待、感恩图报的义举。几千年来，口耳相传，绵延不绝，感恩之心由一杯茶传递。

习　题

1. 乌龙茶的发源地在哪？品质上有什么特色？其优异品质的成因有哪些？
2. 乌龙茶的分类及各类品质特征。

3. 什么是"武夷岩茶"?"岩韵"又称"岩骨花香",你认为"岩韵"指的是什么?

4. 武夷岩茶国标体系中,"岩茶品质"等级高低划分的依据是什么?岩茶"山场热"现象,"山场"与"岩茶品质"有什么关系?认知"武夷岩茶"的方式有哪些?

5. 请结合本次乌龙茶主题审评实验,谈谈你喜欢哪一款乌龙茶,并分析口感形成的影响因素,如何挖掘这些茶叶的亮点进行产品设计与市场营销。

6. 青茶(乌龙茶)的日常冲泡方法与白茶的日常冲泡方法有什么异同点?

7. 请结合乌龙茶相关知识点,设计一个乌龙茶主题审评方案。(需图文并茂)

8. 请结合本次大红袍冲泡实验,谈谈你品饮的感受,并设计一款乌龙茶的生活茶艺方案。(需图文并茂)

第八章 红茶审评

> **学习目标**

1. 了解红茶的定义、产区分布、分类、工艺流程、审评要点、审评术语等；
2. 掌握红茶审评方法与红茶主题审评设计；
3. 熟悉红茶日常品饮方法要领。

> **本章摘要**

红茶是全发酵的茶类。红茶是16世纪由福建武夷山茶农最先发明并向欧洲大量出口的一大茶类，属我国六大茶类之一，是生产和出口的主要茶类之一，也是世界上消费最多的茶类。红茶最基本的品质特点是红汤、红叶、味甘（红，实为黄红色），英语称"Black Tea"。根据加工方式的不同，红茶一般分为小种红茶、工夫红茶和红碎茶。本章重点了解发酵工艺带来的品质特点，并熟悉各类红茶的品质特点。掌握红茶审评方法与红茶主题审评设计，熟悉红茶日常品饮方法要领。

> **关键词**

红茶；发酵；红汤红叶；甜香；甜醇；正山小种；工夫红茶；红碎茶

第一节 红茶概况

一、红茶概况

红茶（Black Tea），根据国家现行标准《茶叶分类》（GB/T 30766—2014）以特定茶树品种的鲜叶为原料，经萎凋、揉捻（切）、发酵干燥等独特工艺制成的产品。红茶是全发酵的茶类。红茶根据加工方式的不同，红茶一般分为小种红茶、工夫红茶和红碎茶，详见图 8-1。我国红茶分布情况及代表红茶，见表 8-1。

图 8-1　红茶主要的分类

表 8-1　中国红茶主要分布省（自治区）及代表

福建	正山小种、政和工夫、坦洋工夫、白琳工夫、金骏眉、老丛红茶	浙江	九曲红梅
安徽	祁门工夫	云南	滇红工夫，红碎茶
江西	宁红工夫	广东	英德红茶
四川	川红工夫	广西	桂红工夫
湖北	宜红工夫	贵州	黔红工夫
湖南	湘红工夫	海南	海南红茶
江苏	苏红工夫	台湾	台湾红茶

红茶发源于福建武夷山，公元 16 世纪由福建武夷山茶农发明、并向欧洲大量出口的一大茶类，最早以地名茶"武夷茶"（闽南话：BoheaTea）享誉欧洲，并以"香高，味浓，色艳"驰誉世界，17 世纪成为英国举国之饮。19 世纪中叶，英国东印度公司先后派出乔治·戈登和著名"植物猎人"罗伯特·福钧从我国窃取茶树种子和红茶制造技术，并在印度东北部种茶成功，后发展到斯里兰卡、肯尼亚、印度尼西亚等国。著名苏格兰茶商道格拉斯·李普顿用中国茶与阿萨姆（Assam）大叶种红茶拼配，使红茶逐步成为世界茶叶消费主流，并在今天扩大到 64 国生产，产量已超过 200 万吨，其中，著名的有中国传统工夫红茶祁红及印度大吉岭、斯里兰卡乌瓦等。目前红茶是世界上生产和贸易量最大的茶类，其消费区域也最广。具有红汤红叶、甜醇高爽等品质特色，且其抗菌消毒、防辐射等保健功能突出。

武夷正山小种，历史悠久，具独特的"高山韵"以及特有的"松烟香，桂圆汤"的品质特点，在世界茶叶科技文化经济史上具有重要地位。随着红茶市场的变化，2006 年创始的金骏眉，以其独特的"金黄黑相间的细秀单芽与花果蜜幽香"的独特品质，塑造了高端品质红茶的典范。金骏眉带来了新一轮红茶市场的活跃。武夷红茶品类丰富，以红茶经典为载体，是研究茶叶传播史的重要内容之一。

二、红茶分类与品质特点

红茶按制法和产品品质不同，分为小种红茶、工夫红茶和红碎茶，及采用特殊品种、特殊采摘标准、特殊工艺制得的特种红茶。红条茶（包括工夫红茶和小种红茶）滋味要求醇厚带甜，发酵较充分，多酚保留量不到50%。红碎茶品质要求汤味浓、强、鲜，发酵程度偏轻，多酚保留量为55%—65%。我国目前以生产工夫红茶为主，小种红茶数量较少，红碎茶的产销量随我国对外贸易不断发展。红茶主要类型见表8-2。

表8-2 红茶主要类型

类型	工艺流程	代表名茶	产地及品质特点
小种红茶	采摘→萎凋→揉捻→发酵→过红锅（炒）→复揉→熏焙→筛拣→成茶	红茶起源于16世纪，最早为武夷山一带发明的小种红茶 小种红茶有正山小种和外山小种之分。正山小种产于崇安县星村乡桐木关一带，称"桐木关小种"。政和、坦洋、北岭、屏南、古田、沙县及江西铅山等地所产的仿照正山品质的小种红茶，质地较差，统称"外山小种"或"人工小种"	小种红茶以福建武夷山市星村桐木关所产的品质最佳，称"正山小种"或"星村小种" 外形条索粗壮长直，身骨重实，色泽乌黑油润有光，内质香高，具松烟香，汤色呈糖浆状的深金黄色，滋味醇厚，似桂圆汤味，叶底厚实光滑，呈古铜色
工夫红茶	采摘→萎凋→揉捻→发酵→干燥	我国工夫红茶品类多、产地广，有十二个省（自治区）先后生产工夫红茶。按地区命名的有滇红工夫、祁门工夫、浮梁工夫、宁红工夫、湘红工夫、闽红工夫（含坦洋工夫、白琳工夫、政和工夫）、宜红工夫、川红工夫、越红工夫、台湾工夫、苏红工夫及粤红工夫等。按品种又分为大叶工夫和小叶工夫	祁门红茶外形条索紧细，苗秀显毫，色泽乌润。茶叶香气清香持久，似果香又似兰花香，国际茶市上把这种香气专门叫做"祁门香"，汤色红艳透明叶底鲜红明亮滋味醇厚，回味隽永 云南滇红芽叶肥壮，金毫显露，汤色红艳，滋味浓裂，香气馥郁，叶底肥厚明亮
红碎茶	采摘→萎凋→揉切→发酵→干燥	共分为四个花色，分别是： 叶茶类：花橙黄白毫（FOP） 　　　　橙黄白毫（OP）白毫（P） 　　　　白毫小种（PS） 　　　　小种（S） 碎茶类：花碎橙黄白毫（FBOP） 　　　　碎橙黄白毫（BOP） 　　　　碎白毫（BP） 　　　　碎白毫小种（BPS） 　　　　碎橙黄白毫屑片（BOPF） 　　　　碎小种（BS） 片茶类：花碎橙黄白毫花香（FBOPF） 　　　　碎橙色白毫花香（BOPF） 　　　　白毫花香（PF） 　　　　橙黄花香（OF） 　　　　花香（F） 末茶类：为末茶（D）	产地：肯尼亚、印度、斯里兰卡、土耳其等国，我国红碎茶产地主要集中在云南、贵州等地 叶茶：呈条状，条索紧结匀齐，色泽乌润，香气芬芳，汤色红亮，滋味醇厚，叶底红亮多嫩茎 碎茶：呈颗粒状，外形颗粒重实匀齐，色泽乌润或泛棕，香气馥郁，汤色红艳，滋味浓强鲜爽，叶底红匀 片茶：呈皱折状，外形全部为木耳形的屑片或皱折角片，色泽乌褐，香气尚纯，汤色尚红，滋味尚浓略涩，叶底红匀 末茶：外形全部为砂粒状末，色泽乌黑或灰褐，汤色深暗，香低味粗涩，叶底暗红

续表

类型	工艺流程	代表名茶	产地及品质特点
特种红茶	采摘→萎凋→揉捻→发酵→干燥	如：福建武夷金骏眉（采摘单芽） 安徽祁门红香螺（做型工艺） 广东英德红茶（特殊品种） 台湾红玉（特殊品种）	如武夷山金骏眉：外形条索紧秀重实、锋苗秀挺、略显金毫，色泽金黄黑相间；汤色金黄明亮；花、果、蜜综合香型；滋味鲜醇爽滑；叶底单芽肥壮饱满，鲜活匀齐

三、红茶的加工工艺

红茶的加工工艺：鲜叶经萎凋→揉捻（揉切）→发酵→干燥等工序加工。详见图8-2—图8-17。制出的茶叶，汤色和叶底均为红色，故称为红茶。红茶的加工原理：红茶加工是通过萎凋提高鲜叶中的酶活性，并在揉捻或揉切和发酵中，茶叶中茶多酚酶促氧化聚合，生成茶黄素、茶红素和茶褐素等有色物质，形成鲜爽，浓厚，甜香，红汤红叶的红茶品质风格，（创新：花果香，金黄），最后烘焙以终止发酵与发展香气，并便于储运。

图8-2 红茶发源地 武夷山桐木村（冬景）

图8-3 正山小种发源地

图 8-4 桐木茶山 山石磊磊，林木深深

图 8-5 武夷山自然博物馆

图 8-6 桐木的植被，苔痕历历

图 8-7 桐木春天的茶芽

图 8-8 群体种

图 8-9 采摘

单芽　　　一芽一叶　　　一芽二叶　　　一芽3-4叶

图 8-10　不同嫩度的青叶

日光萎凋　　　萎凋槽萎凋　　　远红外萎凋机萎凋　　　萎凋适度叶（含水率在58-62%）

图 8-11　不同的萎凋方式及萎凋适度叶

图 8-12　桐木的青楼　萎凋

图 8-13　揉捻机揉捻　　　　图 8-14　手工揉捻

图 8-15 不同发酵方式

图 8-16 烘箱烘干

图 8-17 炭焙

（一）鲜叶的要求

单芽，一芽一叶，一芽二三叶，嫩度要好，嫩度与绿茶类似，而小种红茶对鲜叶有一定的成熟度要求。

（二）萎凋

1. 萎凋的方式

红茶萎凋方式主要有日光萎凋与热风萎凋及复式萎凋。不同的萎凋方式有不同的效果，日光萎凋能提高工夫红茶的香气，但若全程使用日光萎凋则失水过快，影响工夫红茶的滋味。工夫红茶宜采用先日光萎凋（0.5—2 h），后自然萎凋或室内调控萎凋相结合方式，即复式萎凋；在阴雨天、气温偏低时先采用热风萎凋后室内调控萎凋的组合方式或直接采用室内调控萎凋。萎凋温度调控：萎凋温度在 10—25℃之间，香气指数较高，萎凋温度再升高，则香气指数下降；香气总量在萎凋 3—4 h 达到最高。红茶制造中过度的萎凋失水有碍于香气的形成，当萎凋叶含水量为 67% 左右时，酶活性处于较高水平；低温萎凋比高温萎凋更能增加酶的活性，因此低温萎凋对香气的形成更有利。

① 日光萎凋：宜在早上或傍晚时进行，将鲜叶均匀地薄摊在晒青布或水筛上，摊叶厚度1 cm左右，时间0.5—1.0 h，期间翻拌1次—2次。

② 萎凋槽萎凋：待雨露水叶风干后方可萎凋，萎凋时将鲜叶均匀摊放在盛叶框中，把叶子抖散摊平，使鲜叶呈蓬松状态，厚度、松度一致，摊叶厚度以14—18 cm为宜，不应超过20 cm，采取"嫩叶薄摊""老叶厚摊"，温度控制在24℃左右，时间2 h、隔0.5 h翻拌一次，待减重20%左右后下槽上架移入室内自然萎凋或室内调控萎凋。

③ 室内自然萎凋、室内调控萎凋：萎凋室四面通风，其摊叶量以叶与叶互不重叠为准，摊叶量为0.5—0.75 kg/m^2，温度为18—26℃，相对湿度55%—80%；萎凋时间18—24 h，若失水过快，可将萎凋叶收拢增加摊叶厚度以延缓萎凋叶失水速度。在萎凋过程中进行一到两次的鲜叶翻拌，并调整水筛的位置，靠近顶层、底层的换到中间，中间的换到靠近顶层、底层，目的是使萎凋均匀。

2. 萎凋技术要求

茶叶含水率在58%—62%为适度。萎凋程度可采用感官或称量法判断。不同品种有所不同感官判断，萎凋叶萎凋适度为：萎凋叶表面光泽消失，叶色转为淡，青气减退，清香显露，叶形萎缩，茎脉失水萎软不易折断，手捏叶片有柔软感，无摩擦响声，紧握成团松手又能弹散。

萎凋适度测量法主要是初加工者没有完全掌握感官判断时采用的辅助方法。具体方法是：随机选3—5个水筛，称量每个水筛的重量并定量摊放鲜叶置于萎凋架不同位置，在一定时间称量萎凋叶的重量，计算其减重率。

（三）揉捻

揉捻目的主要有两个：一是成形；二是适度破坏叶细胞组织，存在液泡中的大量香气前体物质进入细胞质，与相应的酶类接触，从而转化为香气成分。

通过揉捻机揉桶的转动，使装在揉桶中的茶叶受揉盘、揉桶、棱骨及茶叶间的摩擦力，或剪切、挤压等方式破坏茶叶的细胞组织，使多酚类物质和多酚氧化酶充分混合，加快多酚类化学物的酶促氧化，为形成红茶特有的内质奠定基础。同时，使叶片揉卷成条索状，形成圆紧外形。茶汁溢聚于叶条表面，形成乌润色泽，增加茶汤的浓度。

根据揉捻机的型号进行投叶，萎凋叶的数量要在揉捻机的作业范围之内。揉捻时间90—120 min。揉捻过程加压以"轻"压为原则，前半小时，采用不加压揉捻，接着每隔5 min加压程度以揉盖厚度逐渐加压，最后松压10 min下机筛分。一般采用两次揉捻，第一次揉捻后，将揉捻叶投入分筛解块机筛分，通过2—3目筛网，筛下的叶紧条细，直接进入发酵室发酵，筛面粗松揉叶进行复揉。揉捻适度一般要求细胞破坏率达85%以上，叶片成条率90%以上，条索紧卷，茶汁充分外溢，黏附于叶表面，局部揉捻叶泛红。揉捻充分是发酵良好的必要条件，如揉捻不足，细胞破坏不充分，发酵不匀，毛茶汤味淡薄，并有青臭，叶底花青。揉捻过度的，茶汁流失过多，使茶叶色泽不油润乌黑，滋味淡而不耐泡，汤色暗浊，沉淀物多。

（四）发酵

1. 发酵的原理

发酵的实质是以多酚类化合物深刻氧化为核心的化学变化过程。揉捻使半透性液泡膜损伤，引起多酚类化合物的酶促作用，并产生一系列的鲜叶内含物质的氧化、聚合，形成有色物质，如茶黄素、茶红素等，以及具有特殊香味的物质。适度的温度、湿度和充足的氧气是红茶发酵的必要条件。

2. 发酵的方法

发酵一般采用三种方法。分别是传统高温高湿方法：采用设施增温增湿。自然发酵：春季，主要应用在夏暑季。采用人工增湿。低温高湿方法：温度22℃，湿度95%左右（有利于香气形成）。温度：合理控制发酵温度对红茶香气形成意义重大，温度高会使葡萄糖苷酶活性急剧下降，将会对红茶香气产生不利影响。根据多酚氧化酶活化最适温度、内含物变化规律和品质要求，发酵叶温保持30℃为适，一般发酵叶温较室温高2—6℃，则气温以24—25℃为宜。湿度：相对湿度90%以上。氧气：保持通风、翻拌，防止缺氧。

发酵具体的操作方法：将揉捻充分的揉捻叶均匀摊放在发酵筐中，不能紧压，摊叶厚度一般为10 cm左右，按批次做好记录卡进入发酵室发酵。记录卡含所加工品种、数量、进发酵室的起始时间等内容。发酵程度采用"宁轻勿重"的原则，发酵适度的发酵叶青气消失，有浓厚的果香，75%左右的发酵叶泛红即可上烘。发酵叶发酵程度判定可将发酵叶泡开使叶片展开后观察。

（五）干燥

干燥是工夫红茶初制的最后一道工序，蒸发去除茶叶水分，使含水率达到成茶标准要求，使茶叶进一步成形；并通过叶内化学成分的热物理和化学反应变化，形成和固定叶的色、香、味、形。使糖、氨基酸、芳香油在干热作用下有序转化（"文火慢烘"）。

工夫红茶干燥方法采用二次干燥，中间晾一次，采取"高温毛火、低温足火"。毛火干燥时烘干机进口风温以110—120℃为宜，不能超过130℃，摊叶厚度1—2 cm，时间为15 min左右；足火干燥时进口风温以80—90℃为宜，不能超过100℃，厚度2—3 cm。两次烘干之间下机晾1 h。成品茶含水率5%—6%。

技术要求：红茶干燥毛火叶子含水量约为20%，即毛火后用手捏稍感刺手，但叶子尚软，折而不断，紧握茶叶放手即能松散，晾1 h后即可进行足火。足火后含水量约5%—6%，用手揉搓茶叶成粉末，茶香明显，条索紧结乌润。毛茶待晾2.0 h后即可装袋做好标识入库贮藏。

二、红茶的审评要点

红茶审评要点与评分标准见表8-3—表8-5。

表8-3 工夫红茶的审评要点

项目	审评要点
形状	具备标准合格的形态特点（老嫩、大小、长短、松紧、整碎），忌碎、弯曲、脱档。以条秀、紧壮、锋苗金毫多、身骨重实为优，忌扁、碎等
干茶色泽	以乌润、调匀为优，忌枯杂
汤色	以红亮为宜，忌暗、浊
香气	以鲜纯、细腻、高爽、持久为优，忌青气、酸馊气、劣异气、烟气
滋味	以鲜、甜醇、浓厚好，忌青涩、异味、淡薄
叶底	以嫩度适宜、柔软、色泽红匀鲜亮为优，忌花青、乌条、粗硬

表8-4 红碎茶的审评要点（以内质为主；浓、强、鲜）

项目	审评要点
形状	大小均匀、规格分明、颗粒重实、色泽鲜润、皮、毛衣、杂质含量符合相应的要求
干茶色泽	以乌润、调匀为优，忌枯杂
汤色	观察红、浓、亮的程度，以碗沿有明亮浓厚的金圈为好，忌暗、浊
香气	高档的红碎茶，香气亦浓、强、鲜，且具有独特的果香、花香和类似茉莉花的甜香等
滋味	以浓度高，强刺激性强、清新、鲜爽为好，忌青涩、异味、淡薄
叶底	着重红亮度，嫩度相当即可，以嫩软红艳明亮为上，粗硬花杂为下

表8-5 工夫红茶品质评语与各品质因子评分表

因子	级别	品质特征	给分	评分系数
外形（a）	甲	细紧或紧结或壮结，露毫有锋苗，色乌黑油润或棕褐油润显金毫，匀整，净度好	90—99	25%
	乙	较细紧或较紧结较乌润，匀整，净度较好	80—89	
	丙	紧实或壮实，尚乌润，尚匀整，净度尚好	70—79	
汤色（b）	甲	橙红明亮或红明亮	90—99	10%
	乙	尚红亮	80—89	
	丙	尚红欠亮	70—79	

续表

因子	级别	品质特征	给分	评分系数
香气 （c）	甲	嫩香，嫩甜香，花果香	90—99	25%
	乙	高，有甜香	80—89	
	丙	纯正	70—79	
滋味 （d）	甲	鲜醇或甘醇或醇厚鲜爽	90—99	30%
	乙	醇厚	80—89	
	丙	尚醇	70—79	
叶底 （e）	甲	细嫩（或肥嫩）多芽或有芽，红明亮	90—99	10%
	乙	嫩软，略有芽，红尚亮	80—89	
	丙	尚嫩，多筋，尚红亮	70—79	

五、红茶的品质创新途径与品饮方法

（一）红茶的品质创新途径

随着国人生活水平提高，饮食结构变化，西式餐饮的流行；快速和便捷是当今饮料之主流，星巴克的成功和各种廉价茶饮如泡沫红茶、珍珠奶茶风靡全国，使80后、90后的年轻人也钟情于此。

2006年，武夷山桐木关根据国内市场消费特点，推出了用幼嫩一芽一叶为原料生产的工夫红茶新产品——"金骏眉"，并改良冲泡饮用方法，立即引领了国内红茶消费新潮流，使国内红茶消费逐渐升温。河南原来不产红茶，2010年利用夏秋茶开发"信阳红"获得成功。2014年国内红茶内销量达到14万吨以上。福建、四川、云南、海南等省都增加了红茶生产和内销。

（二）红茶的品饮方法

（1）红茶清饮的创新：1 g，1袋等。

（2）红茶既可清饮也可加奶，糖及果汁调味，但加入调味剂应注意其比例，其比例以1∶10较好；加奶后茶汤色则以粉红或姜黄为优。

（3）红茶既可热饮，也可以冰镇后饮用，冷饮应在冲泡后24小时内使用。红茶汤在常温下（15℃以上）容易变质，故冲泡后的红茶不宜久置。

（4）不同季节饮用红茶。

夏季：柠檬红茶，白茶与红茶的调饮。冬季：奶茶，甜点。

六、知识延展

（一）红茶的"冷后浑"现象

图 8-18 红茶冷后浑现象

红茶的"冷后浑"现象指的是什么？为什么红茶在冬天容易发生"冷后浑"的现象？还有什么茶类会出现这种情况？

冷后浑：多酚类物质氧化产物茶黄素及茶红素等与咖啡碱形成的络合物，它溶于热水，而不溶于冷水，茶汤冷却后即可析出而产生"冷后浑"，与鲜爽度与浓强度有关，这是红茶品质好的表现。详见图 8-18。

乳降：红茶茶汤的冷后浑现象比较明显，冲泡后汤色开始是红艳明亮，茶汤冷后则呈现一种乳状，若再提高汤温便又复清亮，这是"乳降"（Cream）现象，其快慢和程度与茶叶质量有很大关系。

（二）红茶茶席作品：《中国茶·茶世界》2019

作品理念：此席以"中国茶·茶世界"为题，诠释中国茶由陆路、海路走出国门、茶传五洲的中心思想。

红茶，是全球消费量最大的茶类，席中茶叶便选用红茶鼻祖、也是最早出口的茶叶——产自中国武夷山的正山小种。地图上的十杯茶，摆放之处代表的是全球茶叶消费最高的十个国家。

茶叶的海路传播之路就是当年的"海上丝绸之路"，这条路不仅让茶行万里，还把中国的瓷器、丝绸一起带出国门，席中选用的茶器具皆以白瓷为主，既能衬托红茶汤色，又能表达瓷器与茶的对外传播。通过茶席，表达了"一带一路"倡议的重要思想，彰显出茶传五洲的重要作用。

七、红茶审评术语

评茶术语是记述茶叶品质感官评定结果的专业性用语，正确理解和运用评茶术语需要一定的专业功底。根据《茶叶感官审评术语》(GB/T 14487—2017)，茶类通用审评术语适用于红茶。此外，红茶常用的审评术语如下。供评茶时参考。

（一）干茶形状

（1）金毫：嫩芽带金黄色茸毫。
（2）紧卷：碎茶颗粒卷得很紧。
（3）折皱片：颗粒卷得不紧，边缘折皱，为红碎茶中片茶的形状。
（4）毛衣：呈细丝状的茎梗皮、叶脉等，红碎茶中含量较多。
（5）茎皮：嫩茎和梗揉碎的皮。
（6）毛糙：形状、大小、粗细不匀，有毛衣、筋皮。

（二）干茶色泽

（1）灰枯：色灰而枯燥。
（2）乌润：乌黑而油润。
（3）油润：鲜活，光泽好。

（三）汤色

（1）红艳：茶汤红浓，金圈厚而金黄，鲜艳明亮。
（2）红亮：红而透明光亮。
（3）红明：红而透明，亮度次于"红亮"。
（4）浅红：红而淡，浓度不足。
（5）冷后浑：茶汤冷却后出现浅褐色或橙色乳状的混浊现象，为优质红茶象征之一。
（6）姜黄：红碎茶茶汤加牛奶后，呈姜黄色。
（7）粉红：红碎茶茶汤加牛奶后，呈明亮玫瑰红色。
（8）灰白：红碎茶茶汤加牛奶后，呈灰暗混浊的乳白色。
（9）混浊：茶汤中悬浮较多破碎叶组织微粒及胶体物质，常由萎凋不足、揉捻、发酵过度形成。

（四）香气

（1）鲜：鲜爽带甜感。
（2）高锐：香气高而集中，持久。
（3）甜纯：香气纯而不高，但有甜感。
（4）麦芽香：干燥得当，带有麦芽糖香。
（5）桂圆干香：似干桂圆的香味。
（6）祁门香：鲜嫩甜香，似蜜糖香，为祁门红茶的香气特征。

（7）浓顺：松烟香浓而和顺，不呛喉鼻，为正山小种红茶香味特征。

（五）滋味

（1）浓强：茶味浓厚，刺激性强。
（2）浓甜：味浓而带甜，富有刺激性。
（3）浓涩：富有刺激性，但带涩味，鲜爽度较差。
（4）桂圆汤味：茶汤似桂圆汤味，为武夷山小种红茶滋味特征。

（六）叶底

（1）红匀：红色深浅一致。
（2）紫铜色：色泽明亮，黄铜色中带紫。
（3）红暗：叶底红而深，反光差。
（4）花青：红茶发酵不足，带有青条、青张的叶底色泽。
（5）乌暗：成熟的栗子壳色，不明亮。
（6）古铜色：色泽红较深，稍带青褐色，为武夷山小种红茶的叶底色泽特征。

第二节　红茶主题审评实验设计

一、实验目的

掌握红茶审评方法；认识不同红茶的品质特征；熟悉红茶审评术语。

二、实验审评主题方案设计与仪器设备

（一）红茶实验设计方案

（1）小种红茶、工夫红茶、红碎茶的代表茶审评设计。详见第十章元泰红茶杯案例。
（2）不同等级的小种红茶、祁门红茶、滇红对标准文字审评主题。详见图8-19—图8-21和表8-6—表8-8。

（二）实验设备

干评台、湿评台、样茶盘、茶样秤、审评杯碗、叶底盘、品茗杯、茶匙、砂时计或计时钟、电热壶、吐茶筒等。

图 8-19 正山小种等级审评主题

图 8-20 滇红等级审评主题

| 正山金骏眉 | 外山金骏眉1 | 外山金骏眉2 |

图 8-21　金骏眉主题审评

表 8-6　正山小种茶的感官品质要求（GB/T 13738.3—2012）

级别	外形				内质			
	形状	色泽	整碎	净度	汤色	香气	滋味	叶底
特级	壮实紧结	乌黑油润	匀齐	净	橙红明亮	纯正高长、似桂圆干香或松烟香明显	醇厚回甘显高山韵，似桂圆汤味明显	尚嫩较软有褶皱古铜色匀齐
一级	尚壮实	乌尚润	较匀齐	稍有茎梗	橙红尚亮	纯正、有似桂圆香	厚尚醇回甘，尚显高山韵，似桂圆汤味尚明	有褶皱，古铜色稍暗，尚匀亮
二级	稍粗实	欠乌润	尚匀整	有茎梗	红亮	松烟香稍淡	尚厚，略有似桂圆汤味	稍粗硬铜色稍暗
三级	粗松	乌、显花杂	欠匀	带粗梗	红较亮	平正、略有松烟香	略粗、似桂圆汤味欠明、平和	稍花杂

表 8-7　大叶种工夫红茶的感官品质要求（GB/T 13738.2—2017）

级别	外形				内质			
	形状	色泽	整碎	净度	汤色	香气	滋味	叶底
特级	肥壮紧结，多锋苗	乌褐油润，金毫显露	匀齐	净	红艳	甜香浓郁	鲜浓醇厚	肥嫩多芽，红匀明亮
一级	肥壮紧结，有锋苗	乌褐润，多金毫	较匀齐	较净	红尚艳	甜香浓	鲜醇较浓	肥嫩有芽，红匀亮
二级	肥壮紧实	乌褐尚润，有金毫	匀整	尚净稍有嫩茎	红亮	香浓	醇浓	柔嫩红尚亮
三级	紧实	乌褐，稍有毫	较匀整	尚净有筋梗	较红亮	纯正尚浓	醇尚浓	柔软尚红亮
四级	尚紧实	褐欠润略有毫	尚匀整	有梗朴	红尚亮	纯正	尚浓	尚软尚红
五级	稍松	棕褐稍花	尚匀	多梗朴	红欠毫	尚纯	尚浓略涩	稍粗尚红稍高
六级	粗松	棕稍枯	欠匀	多梗，多朴片	红稍暗	稍粗	稍粗涩	粗、花杂

表 8-8　不同地域金骏眉品质特征

序号	产品	外形	汤色	香气	滋味	叶底
1	正山金骏眉	芽头细秀卷曲，乌黑润带金毫	橙黄明亮	花果蜜香，细腻持久	甜爽，米汤感	红亮挺拔匀齐
2	外山金骏眉1	芽头肥壮微卷，乌黑带金毫	橙黄	花香高	甜醇微涩	红较亮匀齐
3	外山金骏眉2	芽头细秀，金毫密披	橙红	薯香	平和	红较绵软亮匀齐

三、实验方法与步骤

（1）正确选配红茶的审评器具，按要求烫杯，摆放。
（2）对外形（形状、色泽、匀度、净度）审评，记录干评结果。
（3）扦样 3 g，按顺序冲泡，计时 5 min，出汤，观汤色，嗅香气，尝滋味，评叶底，记录结果。
（4）选取一款红茶代表样，用盖碗或壶进行日常冲泡，与审评法对比，感受品质异同。
（5）清洗器具并归位。
（6）完成实验报告。

第三节 红茶茶品冲泡品鉴（以正山小种为例）

一、实验背景

正山小种红茶是世界红茶的鼻祖，开启世界红茶起源。世代以茶为生的桐木村村民大抵也没有想到"偶然"造就的松烟香小种红茶，成为英国人竞相追捧的滋味。美妙的滋味，在英国成就近代皇室的休闲时光，最终形成风靡至今的"下午茶文化"。

"休话喧哗事事难，山翁只合住深山。数声清磬是非外，一个闲人天地间。"这是唐朝著名的诗僧贯休所作的《山居》。正山小种的产地武夷山桐木就有这样的意境感。桐木属于自然、文化"双世遗"的自然保护区，其生态条件佳，四面群山环抱，山高谷深，植被丰富，气候寒冷，雾日长，负氧离子高等特点，漫山遍野的竹、松及丰富的植被与零星的茶树，构成了一幅天然水墨画，素有"鸟的天堂，蛇的王国"的美称。

在灰蒙蒙的冬天，品一杯正山小种，细腻的茶汤，松木熏香，淡淡桂圆香，能给这个冬天增添暖意。通过这杯茶汤，能感受到桐木的山川一个冬季的积累在春的顶端的表达。

二、实验目的

（1）能根据宾客的需求，准备符合标准品质要求的正山小种茶。
（2）能根据正山小种的品质特征，选择合适的冲泡用水和器具。
（3）能运用适合的冲泡方法，为宾客冲泡正山小种。
（4）能为宾客冲泡均衡、层次感好、温度适宜的茶汤。

三、实验方案设计

一般来说，正山小种冲泡品鉴可以选盖碗茶汤分离法、紫砂壶茶汤分离法等。盖碗茶汤分离法是比较方便的方法，比较适合茶馆服务的场合。紫砂壶茶汤分离法比较适合冬日冲泡。本次实验采用紫砂壶茶汤分离法。

（一）茶水比

正山小种茶水分离泡法，一般茶水比例为1∶30，即110 mL的紫砂壶8分满水位的情况下，放入3 g的茶叶。

（二）冲泡流程

布席，茶客入席，赏茶，温壶，温茶海，置茶，浸润泡同时温杯，三道冲泡（第一道出汤，分茶，奉茶，品茗。第二道出汤，分茶，品茗。第三道出汤，分茶，品茗），收具谢礼。详见图8-22—图8-39。红茶冲泡流程示意图见图8-40。

图8-22 布席

图8-23 入席行礼

图8-24 赏茶（大致区分品级、产地、形状色泽）

图8-25 正山小种干茶

图8-26 温壶

图8-27 将茶壶中热水倒入茶海

图8-28 置茶，浸润泡（水没过干茶即可）

图8-29 摇香

图8-30 冲泡

图8-31 温杯弃水

图8-32 出汤

图8-33 分茶茶汤（7分满）

图8-34 第一道茶汤（沸水，30 s）

图8-35 品茗

图8-36 第二道茶汤（沸水，30 s）

图8-37 第三道茶汤（沸水，50 s）

图8-38 收具

图8-39 谢礼

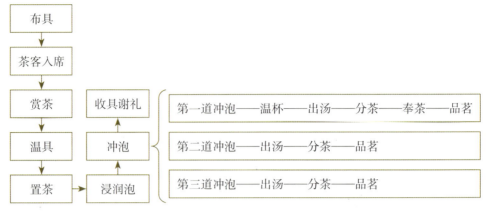

图 8-40 红茶冲泡流程示意图

三道汤，第一道汤（沸水，闷泡时长为 30 s 左右出汤），第二道汤（沸水，闷泡时长为 30 s 左右出汤），第三道汤（沸水，闷泡时长为 50 s 左右出汤），第二道与第三道的茶汤相比第一道而言鲜醇度会有所降低，但滋味的浓度相对会比较强一些。总体要求三泡茶汤均衡度、层次感好，温度适宜。这种方法可以品鉴茶汤内质的层次感，感受每一道茶汤的细微变化。

浸润泡：浸润泡用沸水，这样可以更好地展现出茶叶的香气，采用"回旋斟水法"向杯中倒入少许的水，水量没过茶叶即可，通过晃动壶身，让壶中的干茶充分吸收水分而舒展开来，此步骤称之为"浸润泡"。"浸润泡"可以避免冲泡时大量干茶无法充分泡开，漂浮于水面上的情况。"浸润泡"为后续的冲泡打下基础。注水的方式是右手持壶，从壶 3 点钟位置，回旋注入少量热水，以没过茶叶为宜。摇香的动作要领是，双手拿起壶，逆时针方向旋转 3 圈，让茶叶充分吸收水分，使芽叶舒展香气散发。

四、实验材料与泡茶器具

（一）实验材料

符合标准品质的正山小种茶。

（二）泡茶器具选配

布席、布具要根据所冲泡茶叶的特点，配备合适的器皿，才能在冲泡过程中呈现出茶的最佳品质，这是泡茶的前提条件。所备器具在式样、材质、大小方面要做到适用，茶席的色彩符合冬日的特点，与正山小种茶的品质特征相符合，插花选一枝腊梅，营造暗香暖意的感觉。本次实验正山小种茶紫砂壶茶汤分离法的茶具选配参考见表 8-9。

表 8-9　正山小种茶盖碗分汤法茶具选配

种类	设备名称	技术规格	数量
主茶具	紫砂壶（朱泥）	容量：110 mL	1
	玻璃公道杯	容量：230 mL	1
	白瓷浅绎彩品茗杯	容量：50 mL	3
辅茶具	不锈钢电烧水壶	容量：600 mL	1
	帝王黄釉壶承（圆形）	直径 16 cm　高 2 cm	1
	黄杨木茶荷	长：11 cm　宽：6 cm	1
	玻璃水盂	容量：500 mL	1
	玻璃盖置	高：4 cm	1
	黄杨木茶匙	长：18 cm	1
辅茶具	锡杯垫	圆形直径：7 cm	3
	茶巾（咖啡色）	长：30 cm　宽：30 cm	1
	茶匙架（银）	长：40 cm	1
	茶席（冷白色、粉红）	长：180 cm	2

五、茶客的品后感

细腻茶汤妥帖地铺满舌面，并散发着松木熏香，徐徐下咽，润甜自喉间缓缓晕开，后鼻腔一抹充满儿时记忆的淡淡桂圆香夹杂深山新雨后的气息久久萦绕。细品之下，这杯正山小种茶醇香甘美，正是高山云雾出好茶的经典代表。

习　题

1. 红茶的发源地在哪？品质上有什么特色？其优异品质的成因有哪些？
2. 红茶的分类及各类品质特征。其中，工夫红茶的等级高低的划分依据是什么。
3. 红茶为世界上饮用量最大的一个茶类，其日常饮用的方法有哪些。
4. "冷后浑"指的是什么，这个现象说明什么问题。
5. 请结合本次红主题审评实验，谈谈你喜欢哪一款红茶，并分析口感形成的影响因素，如何挖掘这些茶叶的亮点进行产品设计与市场营销。
6. 请结合红茶相关知识点，设计一个红茶主题审评方案。（需图文并茂）
7. 请结合本次正山小种冲泡实验，谈谈你品饮的感受，并设计一款红茶的生活茶艺方案。（需图文并茂）

第九章 再加工茶审评

学习目标

1. 了解再加工茶的定义、分类、加工工艺等；
2. 掌握再加工茶审评方法与品质特点；
3. 熟悉花茶日常品饮方法要领。

本章摘要

对精制茶进行再加工的成品茶被称为再加工茶，如花茶、压制茶、袋泡茶、速溶茶、抹茶等。花茶种类很多，窨制花茶的原料茶主要是绿茶中的烘青，也有少量炒青茶和部分较为高档的名优绿茶，青茶（乌龙茶）和红茶窨制花茶的很少。根据窨制花茶所用的香花不同，可以将花茶分为茉莉花茶、白兰花茶、珠兰花茶、玳玳花茶、柚子花茶、桂花茶（乌龙、龙井）、玫瑰花茶（红茶）、栀子花茶等。本章重点掌握茉莉花茶窨制带来的品质特点，并了解不同类型的再加工茶的审评要点。掌握再加工茶审评方法与品质特点，熟悉花茶日常品饮方法要领。

关键词

再加工茶；茉莉花茶；鲜灵；压制茶；袋泡茶；速溶茶；抹茶

第一节 花茶概况与审评要点

花茶是我国特有的再加工茶类，采用有香气的花卉（茉莉花、白兰花、珠兰花等）与茶坯拼和窨制，利用鲜花吐香的规律，运用茶叶吸香的性能，通过加工窨制而成，从而制成有香味的花茶，亦称窨花茶、香片。这类茶主要销往华北、东北地区，并以北京、天津、山东、成都等地的销量最大，国外也有一定销量。

我国花茶的历史悠久，茉莉花窨制茶叶源于南宋，已有800多年的历史，明代万历年间，福州已产茉莉花茶。花茶大量商品性的生产始于清代咸丰年间（1851—1861年）的福建福州。福州是中国最早的茉莉花的产地，也是世界茉莉花茶的发源地。

一、花茶种类

花茶种类很多，窨制花茶的原料茶主要是绿茶中的烘青，也有少量炒青茶和部分较为高档的名优绿茶，乌龙茶和红茶窨制花茶的很少。根据窨制花茶所用的香花不同，可以将花茶分为茉莉花茶、白兰花茶、珠兰花茶、玳玳花茶、柚子花茶、桂花茶（乌龙，龙井）、玫瑰花茶（红茶）、栀子花茶等，详见图9-1、图9-2。茉莉花茶类型见表9-1。

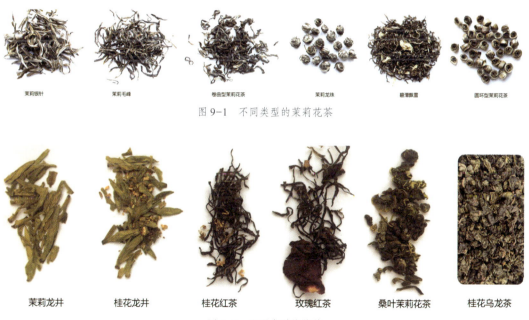

图9-1　不同类型的茉莉花茶

图9-2　不同类型的花茶

表9-1　茉莉花茶类型

类型	代表茶	品质特点
级型茉莉花茶	级型茉莉花茶指的是用等级绿茶为原料，将级型茶坯与茉莉鲜花拼合窨制而成，外形为条形，可分为特级、一级、二级、三级、四级、五级、碎茶、片茶等之别	含芽毫量，以等级高为多，内质香味的鲜度和浓纯度因级别高低而异

续表

类型	代表茶	品质特点
特种茉莉花茶	特种茉莉花茶指的是名优绿茶或特殊形态的绿茶素坯经多次窨制而成的成品，主要产品有茉莉银毫、茉莉大白毫、茉莉银针、茉莉雪芽、茉莉龙珠、茉莉银环、碧潭飘雪、茉莉银钩、茉莉毛峰等	特种茉莉花茶的内质具有香气鲜灵浓郁，滋味鲜醇或浓醇鲜爽，汤色嫩黄或黄亮明净的特点。但不同花色因窨制过程的配花量和复窨次数的不同而香味有所差异。茉莉飘雪类的产品干茶中含有洁白茉莉花瓣 茉莉银毫：紧结肥壮、芽壮毫显，香气鲜灵浓郁、滋味鲜爽醇厚 茉莉银针：单芽肥壮、紧直多毫，色泽银白，匀整美观 茉莉雪芽：二叶抱芽如花朵，叶绿芽白 茉莉龙珠：颗粒滚圆如珠，落盘有声，色绿润显白毫 茉莉飘雪：外形细秀齐，芽毫显露，洁白花瓣散落，冲泡后犹如碧潭飘雪 茉莉银钩：条索肥壮匀曲，白毫显露 茉莉毛峰：条索肥嫩、绿润多毫
造型工艺花茶	采用特殊的手工造型工艺花茶。如丹桂飘香、飞雪迎春、茉莉仙子、出水芙蓉等产品	它不仅采用窨制工艺加工花茶，同时它精选鲜花通过手工加工工艺将花与茶揉合在一起，冲泡时茶叶就像绿色的花托 拱卫着盛开的鲜花，融茶味之美、香花之香、花与茶造型之纤姿于一体，美不胜收
创新茉莉花茶		茉莉白茶：形态自然，芽毫显，毫香花香清纯甘甜，幽雅醇美 茉莉红茶：茉莉花香浓郁甜美，滋味甜醇甘爽透茉莉香，风味独特

1. 茉莉花茶

茉莉花茶主产于福建（福州、宁德、南平）、广西横县、四川犍为、云南元江、湖南长沙、重庆、江苏苏州、浙江金华、安徽黄山等地。茉莉花茶根据茶坯等级品种的不同，分为普通级型茉莉花茶、特种茉莉花茶、造型工艺花茶和创新茉莉花茶等种类。福建茉莉花茶除具有烘青绿茶的秀美外形和醇爽滋味外，还有茉莉花的馥郁芳香，清雅而持久，浓郁而不浊，茶味花香融为一体，形成特色的"冰糖甜"。茉莉花茶产品丰富，内质香高味醇，外形千姿百态，各具特色。还有螺形、束形、圆珠形、圆环形、凤眼形、麦穗形、菊花形和蝴蝶结形等等，形态逼真，惟妙惟肖。

茉莉花茶的香味对不同人群的生理和心理上都有镇静效果。中医认为，茉莉花茶具有解郁理气的功能。其醇香的口感和上乘的保健功效使茉莉花茶自古以来就是国内外最受欢迎的茶饮品之一。

2. 桂花茶

桂花茶主要产于广西桂林、湖北咸宁、福建安溪、浙江杭州、四川成都、重庆等地。以桂花的馥郁芬芳衬托茶的醇厚滋味而别具一格，茶中有金黄色花干点缀，茶汤清黄明亮，桂花香浓郁持久，茶香花香并存，滋味醇和浓厚。具有代表性的有广西桂林的桂花烘青、福建安溪的桂花乌龙、浙江杭州的桂花龙井、重庆北碚的桂花红茶等。

3. 玫瑰花茶

玫瑰花茶主产于广东、福建、山东、浙江、云南等省。玫瑰花茶香气甜美浓郁、滋味甘美。广东玫瑰红茶、福建玫瑰绿茶较具代表性。

二、茉莉花茶的窨制工艺

茉莉花茶是花茶中的代表性产品，它是以毛茶精制后的茶坯，配以清高芬芳茉莉花，利用鲜花吐香的规律，运用茶叶吸香的性能，通过加工窨制而成。茶引花香增益香味，花促茶香，相得益彰。茉莉花茶在绿茶的基础上加工而成，在加工的过程中，其内质发生一定的理化作用，如茶叶中的多酚类物质茶单宁在水湿条件下，分解不溶于水的蛋白质，使其降解成氨基酸，能减弱绿茶的涩感，使茉莉花茶滋味鲜浓醇厚更易上口。茉莉花茶的品质特征是香气清高芬芳、浓郁鲜灵持久，滋味醇厚。

不同等级的茉莉花茶，按其质量标准，采用不同的窨次。高级茉莉花茶用花量多，采用多窨次，中低级茉莉花茶用花量较少则采用少窨次或单次。现行生产一般烘青茉莉花茶四、五级为"一窨一提"，二、三级为"二窨一提"，一级为"三窨一提"，特级为"四窨一提"，特种高级茉莉花茶达六、七个窨次以上。

茶坯处理—鲜花养护—茶花拌和—静置窨花—通花散热—收堆续窨—起花—烘焙—提花—匀堆装箱，见图9-3。

1. 茶坯处理

茉莉花茶窨制前，茶坯需经复火处理。茶坯水分控制在4.0%—4.5%为宜，高等级茶可低些，低等级茶可高些。复火后需自然冷却至坯温比室温高1—2℃时再窨制。

2. 鲜花养护

（1）鲜花养护。鲜花养护目的在于促进花朵开放，充分吐香。鲜花开放的适宜环境温度为30—35℃。因此，气温在30℃以下时要采取复堆促温；气温超过30℃以上时要薄摊、翻动、通风，以防止鲜花变质。摊花、堆花反复1—3次，堆花厚度30—40 cm。

（2）筛花：鲜花开放率达60%左右时，即可用筛花机筛花。筛花既是分花的大小，剔除青蕾、花蒂，又能促进鲜花开放整齐。筛花后按预定的各批配花量分堆摊放，不得堆积。

3. 茶花拌和

把处理好的茶坯和鲜花充分拌和均匀，混合堆积在一起，叫茶花拌和，亦称"窨花拌和"。目的是使鲜花和茶坯直接接触、混合，以利茶坯充分吸收鲜花香气。

当鲜花开放率有80%以上，已开放鲜花呈虎爪状时，香气鲜纯浓烈，才可复窨。茶花拌和根据各级茉莉花茶总配花量，可参照《茉莉花茶加工技术规范》（GB/T 34779—2017）中的配花量。窨花拌和操作通常为一层茶、一层花，做到均匀平摊，然后，在开堆时再交替翻拌均匀。

图 9-3　茉莉花茶加工流程图

4. 静置窨花

茶花拌和后就进入了静置窨花的过程。堆窨厚度 30—40 cm。"箱窨"适合于窨花量少或某些特种花茶的窨制，多系手工操作，每箱窨花量 5—10 kg，厚度 20—25 cm，箱平放排列或交叉叠放，以利窨品空气流通。静置窨花通常历时 5—6 h。

5. 通花散热

静置窨花后,将茶堆扒开摊凉 1 h 左右。通花的目的一是降温,二是促使香花恢复生机继续吐香。通花时间根据在窨品堆温、水分和香花生机状态进行掌握。

6. 收堆续窨

通花散热后收堆续窨。为了使香花继续吐香,收堆的厚度比通花前低 5—10 cm。当续窨历时达 5—6 h,茶堆温度又升高至 40℃左右时,花态萎缩,花色转黄,香气淡薄,即完成窨制过程。

7. 起花

"起花"即将茶与花分离。在窨时间达 10—12 h,鲜花失去生机,即起花。起花顺序应掌握"多窨次先起,低窨次后起;同窨次:先高级茶,后低级茶"的原则。起花操作要迅速,做到茶叶无花蒂、无花叶,花渣中无茶叶。

8. 烘焙

茶坯在静置窨花过程中,在吸收鲜花芳香物质的同时,也吸收了鲜花中的水分,茶坯含水量升高,茶花分离后茶坯要及时烘焙。烘焙的目的在于排除多余水分,便于转窨和提花,最大限度保留花香,保证花茶品质。烘焙采用快速安全操作法,温度 110—120℃,逐窨下降。烘干后窨品的含水量要逐窨提高 0.5%—1.0%,香气要鲜纯,不可有闷气、烟焦等异味。

9. 提花

为提高花茶香气的鲜灵度,在窨制工艺上采取最后一次用少量优质茉莉花,经过茶花拌和均匀后,经 6—8 h 静置窨制,不经通花,掌握好花茶产品出厂香气鲜灵度和水分标准,及时起花,筛去花渣后,不再复火,即可匀堆成箱。这一过程称为"提花"。提花后产品含水量应控制在 8.5% 以下,起花当天包装成箱。

提花用的鲜花,要求选择晴天下午后(采)收的朵大饱满、充分成熟的最优质的茉莉花,经筛花后取大号花作为提花用。提花的用花量一般为每 100 kg 茶坯用 6—8 kg。提花后的花渣质量较好,一般作为烘茉莉花干和"压花"用。

10. 匀堆装箱

匀堆装箱是花茶窨制的最后一道工序。经过窨花复火和提花后的同级各堆产品,经过拼配匀小堆后抽取样品,经理化检验和品质鉴定符合产品规格标准时,及时进行匀堆装箱,以防潮保质。

在茉莉花茶产品中有带花干和不带花干两种,带花干的茉莉花茶一般拌入优质的茉莉花干 1%—2%。外销产品一般均要求带花干,以证明是茉莉鲜花窨制的产品。茉莉花干本身无香味,主要起点缀美感之用,花干浸出物虽味微涩,但对人体有益无害,但花干含量不宜过多,以免花干气味影响花茶香气。

三、茉莉花茶工艺创新

近年来，茉莉花茶工艺不断改革创新，以低温长时少窨次窨制技术，茶品清新鲜灵，滋味甘鲜的茉莉产品，深受年轻消费者青睐。

传统工艺与新工艺对比，见图9-4、图9-5。

图9-4 传统工艺

图9-5 新工艺

1. 传统工艺

茉莉花茶窨制需要将茶、茉莉鲜花拼和。那么，一方面茶叶吸收鲜花释放香气的同时，也吸附大量的水分，导致茶条松散，色泽发黄，滋味呈熟闷味，窨制后还要复火干燥，致使香气大量挥发损失；另一方面还要起花，使茶、花分离。"多窨次"工艺是传统茉莉花茶加工繁琐的主要原因，茶坯含水量、堆温、配花量、窨制时间等因素对花茶品质有着决定性影响。

2. 新工艺

以广西横县南方茶厂为例，新工艺以简化工序，提高鲜花利用率，降低生产成本和劳动强度，缩短生产周期，提高经济效益为目标，应用分子生物技术及内循环茶花分离窨制技术，研究封闭式内循环花茶分离窨制工艺。

技术路线：养花→花茶分层装置→控温→气流循环→窨制→出花→烘干→成品。

优点：工艺简便、离地加工、用花量少、温湿可控、劳动强度低、生产效率高、生产周期短。成效：产品兼具浓郁和鲜灵度，品质优于传统，保持留香时间长；新工艺不仅节省用花量50%；减少了窨次及节省烘焙次数4—5次，不用提花，生产周期仅为14 h。达到节花、节能、省时、省工的目的。新工艺首次采用封闭式内循环花茶分离窨制技术，是花茶窨制的一场革命；首次在茉莉花茶窨制中采用控温技术，使茉莉花能在最佳温度的情况下长时间维持生机，最大释放香油，增加鲜花释放的游离态香气物质总量；首次在茉莉花茶规模生产中应用茶花分离窨制技术。

四、茉莉花茶的审评要点

花茶外形审评评比条索、嫩度、整碎与净度，窨花后的茶条索比茶胚略松，色泽带黄属于正常现象。开汤先嗅香气、看汤色、尝滋味、评叶底。花茶的品质以香味为主，通常从鲜、浓、纯三个方面来评定。优质花茶应同时具备鲜、浓、纯的香味。

按照标准《茶叶感官审评方法》(GB/T 23776—2018)，花茶（柱形杯审评法），除茶样中的花瓣、花萼、花蒂等花类夹杂物，称取有代表性茶样 3 g，置于 150 mL 精制茶评茶杯中，注满沸水，加盖浸泡 3 min，按冲泡次序依次等速将茶汤沥入评茶碗中，审评汤色、香气（鲜灵度和纯度）、滋味；第二次冲泡 5 min，沥出茶汤，依次审评汤色、香气（浓度和持久性）、滋味、叶底。结合两次冲泡综合评判。茉莉花茶的审评见图 9-6、图 9-7。花茶品质评语与各品质因子评分见表 9-2。茉莉花茶的日常冲泡品饮见图 9-8。

图 9-6 茉莉花茶代表审评，感官指标参考《茉莉花茶》(GB/T 22292—2017)

图 9-7 茉莉花茶审评现场

表 9-2 花茶品质评语与各品质因子评分表

因子	级别	品质特征	给分	评分系数
外形（a）	甲	细紧或壮结，多毫或锋苗显露，造型有特色，色泽尚嫩绿或嫩黄、油润，匀整，净度好。	90—99	20%
	乙	较细紧或较紧结，有毫或有锋苗，造型较有特色，色泽黄绿，较油润，匀整，净度较好。	80—89	
	丙	紧实或壮实，造型特色不明显，色泽黄或黄褐，较匀整，净度尚好。	70—79	
汤色（b）	甲	嫩黄明亮或尚嫩绿明亮。	90—99	5%
	乙	黄明亮或黄绿明亮。	80—89	
	丙	深黄或黄绿欠亮或浑浊。	70—79	
香气（c）	甲	鲜灵，浓郁，纯正，持久。	90—99	35%
	乙	较鲜灵，较浓郁，较纯正，尚持久。	80—89	
	丙	尚浓郁，尚鲜，较纯正。	70—79	
滋味（d）	甲	甘醇或醇厚，鲜爽，花香明显。	90—99	30%
	乙	浓厚或较醇厚。	80—89	
	丙	熟，浓涩，青涩。	70—79	
叶底（e）	甲	细嫩多芽或嫩厚多芽，黄绿明亮。	90—99	10%
	乙	嫩匀有芽，黄明亮。	80—89	
	丙	尚嫩，黄明。	70—79	

冲泡花茶小妙招
Tips for brewing flower tea

多人喝泡法(参考120毫升盖碗分杯泡法)

3~5克的茶叶量　　　　建议水温93℃左右　　　　浸泡10秒钟左右　　　　出水饮用

单人喝泡法(参考160毫升盖碗)

1.5~2克的茶叶量　　　建议水温93℃左右　　　　建议1~2分钟　　　　待杯中水剩一半时, 续水

紫砂壶(参考200毫升)

4克的茶叶量　　　　　建议水温93℃左右　　　　浸泡30~60秒钟左右　　出水饮用

* 如果使用紫砂壶冲泡，建议一壶一茶，茉莉花茶属高香茶类，避免紫砂壶吸附花香后影响其他类别的茶叶的品饮味道

单人喝泡法(参考300毫升马克杯、玻璃杯)

1.5~2克的茶叶量　　　建议水温93℃左右　　　　可以长时间浸泡　　　待杯中水剩一半时, 续水

保温壶泡法(参考500毫升)

2~3克的茶叶量　　　　建议水温93℃左右　　　　长时间浸泡　　　　　待杯中水剩一半时, 续水

图 9-8　茉莉花茶的日常冲泡品饮

五、茉莉花茶的感官审评术语

花茶常用的审评术语如下,供评茶时参考。
(1)鲜灵:花香新鲜充足,一嗅即有愉快之感,为高档茉莉花茶的香气。
(2)鲜浓:香气物质含量丰富、持久,花香浓,但新鲜悦鼻程度不如鲜灵。
(3)鲜纯:茶香、花香纯正、新鲜,花香浓度稍差。
(4)幽香:花香细腻、幽雅,柔和持久。
(5)纯:茶香或花香正常,无其他异杂味。
(6)香薄、香弱及香浮:花香短促、薄弱、浮于表面,一嗅即逝。
(7)透素:花香薄弱,茶香突出。
(8)透兰:茉莉花香中透露着白兰花香。
(9)闷气:花香不鲜,带有水闷气。

第二节　压制茶概况与审评要点

压制茶品类多,品质各异,以黑茶、红茶、绿茶为主,也有黄茶、白茶、青茶与花茶。

主要特点是毛茶都经过汽蒸,然后压制成各种形状。有砖型、饼型、碗型、枕型、柱形等。按照标准《茶叶感官审评方法》(GB/T 23776—2018),紧压茶(柱形杯审评法),称取有代表性的茶样 3 g 或 5 g,茶水比(质量体积比)1∶50,置于相应的审评杯中,注满沸水,依紧压程度加盖浸泡 2—5 min,按冲泡次序依次等速将茶汤沥入评茶碗中,审评汤色、嗅杯中叶底香气、尝滋味后,进行第二次冲泡,时间 5—8 min,沥出茶汤依次审评汤色、香气、滋味、叶底。结果以第二泡为主,综合第一泡进行评判。紧压茶品质评语与各品质因子评分见表 9-3。紧压茶的工艺见图 9-9。

表 9-3　紧压茶品质评语与各品质因子评分表

因子	级别	品质特征	给分	评分系数
外形 (a)	甲	形状完全符合规格要求,松紧度适中表面平整。	90—99	20%
	乙	形状符合规格要求,松紧度适中表面尚平整。	80—89	
	丙	形状基本符合规格要求,松紧度较适合。	70—79	

续表

因子	级别	品质特征	给分	评分系数
汤色 （b）	甲	色泽依茶类不同，明亮	90—99	10%
	乙	色泽依茶类不同，尚明亮	80—89	
	丙	色泽依茶类不同，欠亮或浑浊	70—79	
香气 （c）	甲	香气纯正，高爽，无杂异气味	90—99	30%
	乙	香气尚纯正，无异杂气味	80—89	
	丙	香气尚纯，有烟气、微粗等	70—79	
滋味 （d）	甲	醇厚，有回味	90—99	35%
	乙	醇和	80—89	
	丙	尚醇和	70—79	
叶底 （e）	甲	黄褐或黑褐，匀齐	90—99	5%
	乙	黄褐或黑褐，尚匀齐	80—89	
	丙	黄褐或黑褐，欠匀齐	70—79	

图9-9 紧压茶（普洱生饼）的工艺

普洱茶（生茶）紧压茶的内质审评汤色的明亮或浑浊度，以黄绿、明亮为好；香气审评纯正、高低，以清纯持久为佳；滋味审评浓淡、回甘度，以浓厚回甘为佳；叶底审评色泽、嫩度、整碎和形状，以肥厚、鲜嫩、匀整为佳。在适宜的储存环境条件下，随着仓储时间延长，其品质发生转化，外形色泽会由青褐逐渐转化为黑褐，汤色会由黄绿逐渐变为橙黄、橙红，香气陈香逐渐显露，渐显甜感似花、果、蜜、枣、木香等，滋味由浓厚逐渐转化为醇厚甘滑、陈韵，叶底色泽由绿黄转泛黄褐。

第三节　袋泡茶、速溶茶、抹茶概况与审评要点

一、袋泡茶概况与审评要点

袋泡茶是在原茶类的基础上，经过拼配、粉碎、用滤纸包装而成。目前袋泡茶种类较多，涉及六大茶类与再加工茶，以及拼配的保健茶等。大致可以分为普通型、名茶型、营养保健型。袋泡茶外形评包装，内质评汤色、香气、滋味与冲泡后的内袋。根据质量评定结果，可把普通的袋泡茶分为优质产品、中档产品、低档产品与不合格产品。

按照标准《茶叶感官审评方法》（GB/T 23776—2018），袋泡茶（柱形杯审评法），取一茶袋置于 150 mL 评茶杯中，注满沸水，加盖浸泡 3 min 后揭盖上下提动袋茶两次（两次提动间隔 1 min），提动后随即盖上杯盖，至 5 min 沥茶汤入评茶碗中，依次审评汤色、香气、滋味和叶底。叶底审评茶袋冲泡后的完整性，见图 9-10。袋泡茶品质评语与各品质因子评分见表 9-4。

图 9-10　袋泡茶审评

表 9-4　袋泡茶品质评语与各品质因子评分表

因子	级别	品质特征	给分	评分系数
外形 （a）	甲	滤纸质量优、包装规范、完全符合标准要求	90—99	10%
	乙	滤纸质量较优、包装规范、完全符合标准要求	80—89	
	丙	滤纸质量较差，包装不规范、有欠缺	70—79	

续表

因子	级别	品质特征	给分	评分系数
汤色（b）	甲	色泽依茶类不同，但要清澈明亮	90—99	20%
	乙	色泽依茶类不同，较明亮	80—89	
	丙	欠明亮或有浑浊	70—79	
香气（c）	甲	高鲜，纯正，有嫩茶香	90—99	30%
	乙	高爽或较高鲜	80—89	
	丙	尚纯，熟、老火或青气	70—79	
滋味（d）	甲	鲜醇，甘鲜，醇厚鲜爽	90—99	30%
	乙	清爽，浓厚，尚醇厚	80—89	
	丙	尚醇或浓涩或青涩	70—79	
叶底（e）	甲	滤纸薄而均匀、过滤性好，无破损	90—99	10%
	乙	滤纸厚薄较均匀、过滤性较好，无破损	80—89	
	丙	掉线或有破损	70—79	

二、速溶茶概况与审评要点

速溶茶是一类速溶于水，水溶后无渣的茶叶饮料。可分为纯茶速溶茶与调味速溶茶。速溶茶的品质注重香气、冷溶性、造型与色泽。外形评形状与色泽。内质评法，取 0.75 g 速溶茶粉两份（按照制率25%计算），相当于 3 g 干茶，置于 250 mL 的审评碗，分别用 150 mL 的冷水与热水冲泡，审评速溶性、汤色与香味。速溶性一般指在 15—20℃条件下的速溶茶的溶解性。溶于 10℃以下的称为冷溶速溶茶，溶于 40—60℃的称为热溶速溶茶。速溶茶审评见图 9-11。

图 9-11　速溶茶审评

三、抹茶概况与审评要点

按照标准《茶叶感官审评方法》(GB/T 23776—2018)，粉茶（柱形杯审评法），取 0.6 g 茶样，置于 240 mL 的评茶碗中，用 150 mL 的审评杯注入 150 mL 的沸水，定时 3 min 用茶筅搅拌，依次审评其汤色、香气与滋味。粉茶审评要点见表 9-5。抹茶审评见图 9-12、图 9-13。

表 9-5 粉茶品质评语与各品质因子评表

因子	级别	品质特征	给分	评分系数
外形（a）	甲	嫩度好，细、匀、净，色鲜活	90—99	10%
	乙	嫩度较好，细、匀、净，色较鲜活	80—89	
	丙	嫩度稍低，细、较匀净，色尚鲜活	70—79	
汤色（b）	甲	色泽依茶类不同，色彩鲜艳	90—99	20%
	乙	色泽依茶类不同，色彩尚鲜艳	80—89	
	丙	色泽依茶类不同，色彩较差	70—79	
香气（c）	甲	嫩香，嫩栗香，清高，花香	90—99	35%
	乙	清香，尚高，栗香	80—89	
	丙	尚纯，熟，老火，青气	70—79	
滋味（d）	甲	鲜醇爽口，醇厚甘爽，醇厚鲜爽，口感细腻	90—99	35%
	乙	浓厚，尚醇厚，口感较细腻	80—89	
	丙	尚醇，浓涩，青涩，有粗糙感	70—79	

图 9-12 抹茶审评

图9-13 不同茶类的抹茶审评

习 题

1. 再加工茶有哪些？审评方法分别是怎样的？
2. 茉莉花茶品质以香味为主，一般从几个方面来评分？
3. 茉莉花属于什么花？茉莉花茶的制作为什么在晚上进行？
4. 茉莉花茶与绿茶、黄茶和白茶的品质区别有哪些？

第十章 茶叶综合审评

学习目标

1. 了解茶叶综合审评的内容；
2. 掌握专题审评培训设计；
3. 熟悉相关评茶赛事。

本章摘要

综合审评涵盖茶叶审评课程、评茶相关比赛、专题审评培训设计、审评沙龙、评茶员比赛等内容。评茶人员了解综合审评内容，熟悉相关评茶赛事，有利于提升评茶人员专业水准，服务地方，利于茶产业良性发展。

根据审评目标的差异，茶叶综合审评可分为：

1. 茶叶工厂的审评是依据产品需要的原则要求进行按需审评收购。
2. 茶王赛一般只需要选出品质优异的茶，按品质高低排名。
3. 茶叶评价审评如中国茶叶学会五星评价是通过评茶师审评给出星级评价（依据评语与分数）并点评每一款茶的优缺点，利于厂家改进。
4. 评级评价利于产品标准化，便于消费者按需购买等。

关键词

综合审评；斗茶赛；茶叶品质评价；评茶员；专题审评培训设计；审评沙龙；审评目标

第一节　茶叶审评课程教学概况

一、茶叶审评课程性质

茶叶审评是茶学专业学生的一门专业核心课，一般包含课堂理论教学、评茶实践教学和户外评茶实践活动三个方面。茶叶审评主要研究茶叶品质感官鉴定的原理与方法，它贯穿于茶叶栽培与育种、加工、研发、贸易的各个环节，是一门技术性与操作性强的综合型学科。茶叶审评的作用不仅是保证和提高茶叶的品质，同时它在茶叶加工、研发、贸易及商检中进行品质鉴定与管制，对于茶叶学科的进步和发展有重要意义。茶叶感官审评，又称茶叶品质评价，即审评人员运用正常的视觉、嗅觉、味觉、触觉等感官辨别能力，以定器定量的国标方法，对茶叶的外形、汤色、香气、滋味和叶底等品质因子进行综合分析和评价的过程。茶叶审评程序通常包括五个阶段，即把盘取样、外形审评、茶汤制备、内质审评及审评结果综合判定。通过教学方法的设计与改进，以合作学习法激发学生的学习兴趣，培养学生良好的评茶实践操作技能，能提高茶叶审评课程的教学质量，这有利于我国评茶员队伍的培养，有利于评茶员在茶叶产供销中发挥重要的作用。

二、茶叶审评理论部分

理论教学部分，主要讲授茶叶审评基础，茶叶色香味形的品质成因，茶叶感官审评方法等方面知识。教师的茶叶审评观念应与时俱进，需洞悉茶产业发展现状相关新知识、新技术、新技能等，市场上新的制茶工艺与装备等的出现，对传统茶叶品质概念都产生了影响，在坚持传统茶叶品质观念基础上不断创新。比如以往红茶品质要求汤色红艳明亮，滋味甜醇。而自2006年"金骏眉"创新红茶的出现引领了红茶品质新的方向，红茶汤色评语有橙红、稍红、金黄，香气评语有高香等出现。理论教学课堂结束后，学生根据自身兴趣选取茶叶审评主题，题目如："岩韵"的成因与品鉴要领，民间斗茶赛与国际斗茶赛的特点，六大茶类的品质特点，白茶的现状与展望，红茶的发源与传播，茶叶的贮藏原理与方法，高山云雾出好茶，真假茶的识别等。教师审核题目并指导学生制作PPT。课堂上学生分小组演讲茶叶审评主题，其间穿插思考题互动，最后由教师总结，以此提升学生的茶学专业综合能力。

三、茶叶审评评茶实践部分

评茶实践，操作性与技术性强，内容涉及六大茶类，相比以往的审评实践课，在原有审评法的基础上增加了密码品鉴法，注重审评主题茶样组合设计，在主题茶样设计的基础上审评法与品鉴法结合与交互体验能让学生加深对茶品质的本质认知。评茶实践课教学要注重实践方法，教师应加强演示评茶操作流程，培养学生良好的实验操作技能。评茶实践教学内容以六大茶类为基本框架，方法上采用审评法结合密码品鉴法。评茶过程教师引导对学生文字标准审评语言的练习与心理现象的链接。教师课前对评茶实践课的实物标准样的筛选，设计与组合。课中教师注重对学生的评茶实践技能的训练与技术的提升，发挥学生自身的评茶实践的感受力。评茶实践课程结束后教师组织学生评茶员考级，这有利于评茶员队伍的培养，有利于评茶员在茶叶产供销中发挥重要的作用。

四、茶叶审评户外评茶实践活动

户外评茶实践环节，户外评茶实践环节设计教师带领学生走进茶区与加工车间，参与户外评茶实践活动，这能更好地培养评茶员的分析能力和评茶综合实践能力，发挥评茶员在茶叶加工、研发、贸易及商检中品质鉴定与管制的作用。专业评茶员对茶质量把控起到核心作用，评茶员深入茶业一线参加不同类型的评茶实践活动对于提升评茶员的综合评茶技能起到至关重要的作用。茶叶感官评价依据作用一般分为两种类型：一种是分析型感官评价，用于质量检验；另外一种是嗜好型感官评价，用于市场调研。茶叶审评依据目的不同可分为评茶实践课审评，斗茶赛审评，企业收购审评等。评茶实践课审评一般针对茶叶专业的学生，审评内容以六大茶类为基本框架。斗茶赛的审评有多种形式，不同的形式的斗茶赛标准有所不同，如全国名茶评比一般采取"全盲"，遵循一个标准，即以"品质"的高低优劣为准，不考虑品类与风格。地方性的名茶评比，是在有部分背景资料的情况下进行的，如"天心村斗茶赛"，这类比赛要求评茶员对武夷岩茶的细微特征非常熟悉，首先考虑山场、茶青是否是正岩天心村的，再对品质高低进行审评，等于是在多了一项标准的前提下进行评比。企业收购审评则是按照企业的标准产品类型，按需审评收购，审评部门评茶员对企业的产品非常熟悉，也熟悉茶叶拼配知识。无论哪一种评茶实践活动，评茶人员一般都经过了严格的系统的专业体系的训练，了解茶产品的品质成因。比如：茶青的品质，茶树生长的地域及管理的方式，茶树的品种，加工工艺等因子与茶叶品质的关系，审评人员对于这些判断因子是熟悉的可分析的，且有相应的标准可依循。

对于专业的评茶人员，经常参与一些评茶专题沙龙，能拓宽视野且提升评茶实践技能。如中国茶叶学会感官审评委主办的茶叶感官审评学术沙龙始于2013年，一年一个主题，在主题茶类的原产区举办，活动包括主题茶类讲座，主题茶样审评，参观一线茶区与示范企业三个议程。如第七届茶叶感官审评学术沙龙——白茶主题，在政和县举办，其中主题茶样在宽度与深度上都做了很好的设计，四个主题四十套样，分别是全国不同茶区的白茶组、福建三大主产区的白茶组、不同品种所制的白茶组、政和白茶组，全国各地茶叶研究领域的专家、学者、茶企业一线的工作者，审评交流白茶，这对进一步提升政和白茶的品质与产业的健康发展都起到积极的推动作用。这类专题审评沙龙为专业评茶人员提供了良好的学习平台。

五、评茶员技能比赛

评茶人员参与国家级评茶员技能比赛，有利于更多涉茶人员走上技能成长之路。评茶技能比赛有利于搭建起茶产业技能型人才展示技艺、交流技艺的成长平台，推动具有职业水准的评茶员队伍的培养，发挥评茶员在茶叶产供销中的重要作用，促进茶产业持续健康发展。2019年中国技能大赛"武夷山杯"首届全国评茶员职业技能竞赛总决赛在武夷山举办。比赛分理论与实践两个部分。在理论考试上，以《评茶员国家职业技能标准》规定的高级工及以上的技能要求为基础，融入茶产业发展现状相关新知识、新技术、新技能等内容。在技能操作考试上，为了全面考核竞赛选手的技能水平，技能比拼分为五个部分，分别是茶形辨认、香味排序、品质审定、滋味品鉴、茶品设计。

1. 茶形辨认

茶形辨认主要考验选手的眼力，所谓"看见即闻见"。选手通过审评茶叶外形判断产品名称，准确写出各茶样的名称并对外形因子（形状、色泽）进行描述。单项赛一组15个茶样，为单一茶类；全能项一组为20个茶样，涵盖6大茶类。通过这个考题，考核参赛选手对全国茶叶的认知度。

2. 香味排序

香味排序主要考验选手嗅觉与味觉的灵敏度。选手从香气和滋味因子对给出四只编码茶样质量高低进行排序。考核选手对香气与滋味的辨别能力。

3. 品质审定

品质审定主要考验选手对茶的等级判断、加权评分法及评语的应用。选手运用评语法和评分法对由一组4个相邻等级茶叶组进行审评与排序。考核选手对茶叶品质各项因子的分析水平和综合的评判能力。在理论考核和茶形辨认、香味排序、品质审定3项技能操作考试后，总分排名前20的选手进入更具挑战性的滋味品鉴和茶品设计决赛。

4. 对样评茶

对样评茶主要考验选手对茶的等级判断、加权评分法及评语的应用。不看外形和叶底，选手只是通过品尝茶汤的滋味，辅以看汤色、嗅汤香，写出茶样名称并对滋味的特征进行分析，其中单项赛有一类茶8个样、全能赛有10个全国有代表性的茶样。

5. 茶品设计

茶品设计主要考验选手对茶品设计的能力、涉及品牌的应用与推广。选手通过对给定的一组7个茶样（目标茶样1个，拼配原料茶样5个，与目标茶样无关联或关联度很低的"干扰茶样"1个）进行感官审评，根据指定的目标茶样品质特征，拼配出1个与目标茶样相符的拼配样，并写明其拼配样的方案（即5个原料茶的编号、重量组成和百分比例）。这个题目是对参赛选手整体实力的全面考核，选手不仅要有良好的辨别能力、分析能力、综合能力还要有很强的剖析能力和拼配设计能力。

第二节 红茶赛方案

——以"2021年度'元泰杯'茶通擂台赛"为案例

图 10-1 2021年度"元泰杯"茶通擂台赛活动方案

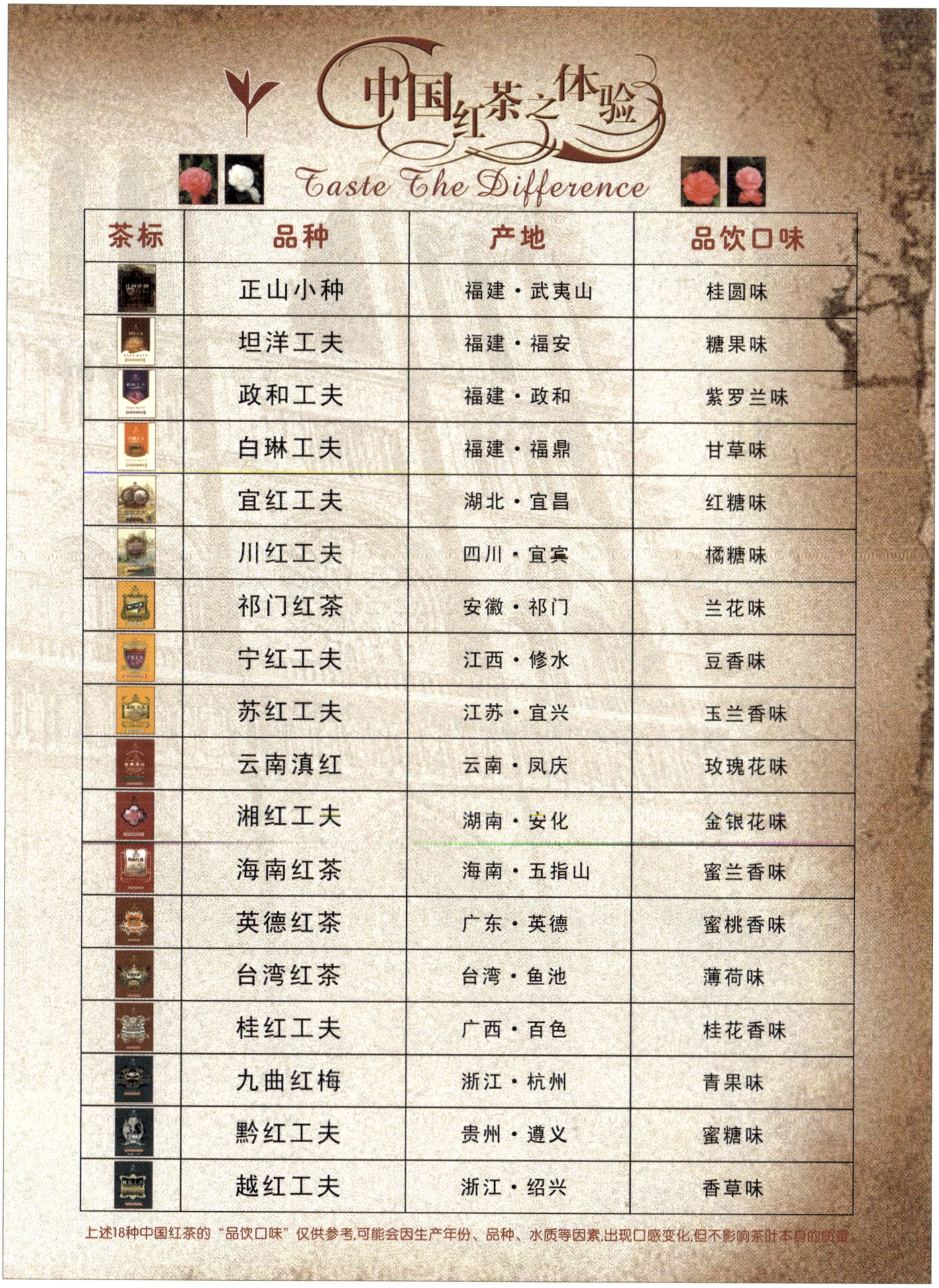

中国红茶之体验
Taste The Difference

茶标	品种	产地	品饮口味
	正山小种	福建·武夷山	桂圆味
	坦洋工夫	福建·福安	糖果味
	政和工夫	福建·政和	紫罗兰味
	白琳工夫	福建·福鼎	甘草味
	宜红工夫	湖北·宜昌	红糖味
	川红工夫	四川·宜宾	橘糖味
	祁门红茶	安徽·祁门	兰花味
	宁红工夫	江西·修水	豆香味
	苏红工夫	江苏·宜兴	玉兰香味
	云南滇红	云南·凤庆	玫瑰花味
	湘红工夫	湖南·安化	金银花味
	海南红茶	海南·五指山	蜜兰香味
	英德红茶	广东·英德	蜜桃香味
	台湾红茶	台湾·鱼池	薄荷味
	桂红工夫	广西·百色	桂花香味
	九曲红梅	浙江·杭州	青果味
	黔红工夫	贵州·遵义	蜜糖味
	越红工夫	浙江·绍兴	香草味

上述18种中国红茶的"品饮口味"仅供参考,可能会因生产年份、品种、水质等因素,出现口感变化,但不影响茶叶本身的质量。

图10-2 元泰红茶杯茶样信息

图 10-3 元泰红茶初赛现场

活动报道之一：武夷学院

2011 年 11 月 22 日，2021 年度"元泰中国红茶节"暨茶通擂台赛之武夷学院入围选拔赛在武夷学院茶与食品学院茶学系审评室举行，共有 150 多位武院学子参与此次选拔赛。最终姚起江、张芳婷、翁昱分别以 8 杯、8 杯、8 杯的优异成绩成功入围本年度 12 月 28 日"元泰中国红茶节"暨茶通擂台赛总决赛！

入围名单及成绩

姚起江——准确辨别 8 杯红茶；

张芳婷——准确辨别 8 杯红茶；

翁昱——准确辨别 8 杯红茶。

图 10-4 2022 年武夷学院学子获元泰红茶杯茶通状元

品茗感受：

姚起江：今日喝 12 款经典的红茶，给我的感觉可以用四个字形容：味蕾狂欢。每一款茶都是嗅觉、味觉、感觉的盛宴：祁门红的蔷薇花香，政和工夫鲜甜的毫香，坦洋工夫甜润中蕴藏着的一股桂圆之香，滇红的甜香。以及几款特殊的香气：桂红的槟榔香，英德红茶的熟番薯味，台湾工夫草根药香，薄荷味。总的来说，12 款红茶口感各不相同，细饮慢品，其茶味以鲜甜、浓醇为主，滋味醇厚，回味绵长。

张芳婷： 12款各个地方的红茶，散发出不同的香气、冲泡出不同的风味，却是同样的真香本味。茶不止要入口，更难得入心。需要自己细心鉴别、认真品味、透彻领悟。

翁昱： 这次审评十二款红茶，在不同的产区与品种之间切换，是味蕾与嗅觉的盛宴，更加确定了审评与生活中的细心观察与感悟离不开。

武夷学院林燕萍老师： 回忆2007年在郭雅玲老师的指导下参加了由张天福先生发起的这个红茶擂台赛，收获满满，感慨颇多。评茶这项工作需要天赋与兴趣，更需要日复一日的练习。如今自己在教师这个岗位，致力于推动福建的茶产业发展。鼓励并支持同学们参加此类比赛，以赛促学，遇见更美好的自己。

第三节 斗茶赛与茶叶品质评价
——以"中茶杯"鼎承茶王赛、中国茶叶学会品质评价与武夷山天心村斗茶赛为例

一、通知

"中茶杯"鼎承茶王赛组委会

关于举办"中茶杯"第十届鼎承茶王赛（春季赛）评审会的通知

各有关专家：

兹定于7月31日在杭州举办"中茶杯"第十届国际鼎承茶王赛（春季赛）评审会，特邀请您为评审专家。请安排好行程，准时参会。现将有关事项通知如下：

1. 会议时间：7月31日
2. 会议地点：中国农业科学院茶叶研究所（杭州市梅灵南路9号）
3. 住宿地点：杭州硃悦隐栖酒店（杭州市西湖区转塘镇美上商业中心3号楼 电话：0571-88059666 ）
4. 联系人：聂占一 13530216827

"中茶杯"鼎承茶王赛组委会
2020年7月23日

图10-5 中茶杯通知

中国茶叶学会

关于举办2020年全国茶叶品质评价（第一阶段）评审会的通知

各有关专家：

兹定于7月28-30日在杭州举办2020年全国茶叶品质评价（第一阶段）评审会，特邀请您为评审专家。请安排好行程，准时参会。现将有关事项通知如下：

1. 会议时间：7月28-30日（28日报到，29-30日评审）
2. 会议地点：中国农业科学院茶叶研究所（杭州市梅灵南路9号）
3. 住宿地点：杭州珑悦隐栖酒店（杭州市西湖区转塘镇美上商业中心3号楼 电话：0571-88059666 ）
4. 联系人：马秀芬 13588023039
   司智敏 15858100092

中国茶叶学会办公室
2020年7月22日

图10-6 全国茶叶品质评价同志通知

表 10-1　2020 全国茶叶品质评价日程安排（第一阶段）

日期		红茶、乌龙茶、白茶组	绿茶、黄茶、黑茶、特种茶组
评价专家		刘栩（组长）、林燕萍、孙越赟	肖力争（组长）、金寿珍、汤一
评价地点		1号楼二楼感官审评室	6号楼二楼感官审评室
7月28日	下午	报到	
	晚上	评价安排、讨论等	
7月29日	上午（8:30—12:00）	红茶20	绿茶20
	下午（2:00—5:30）	红茶37	绿茶40
7月30日	上午（8:30—12:00）	白茶24、乌龙茶23	绿茶23、黑茶9、黄茶3、特种茶2
	下午（2:00—5:30）	讨论和复评	

记录：陈瑞鸿、李红　　　　　　　　　　器具清洗：

表 10-2　茶叶品质评价感官审评表

　　　年　　月　　日

茶号	密码	外形（%）		汤色（%）		香气（%）		滋味（%）		叶底（%）		总分
		评语	分	评语	分	评语	分	评语	分	评语	分	
综合评价：												
综合评价：												
综合评价：												

审评专家：　　　　　　　　　　　记录、计算：

报道一：茶资讯 | 中国茶叶学会举办 2021 全国茶叶品质评价（第二阶段）评审会

2021年12月14—15日，中国茶叶学会2021全国茶叶品质评价（第二阶段）评审会在浙江省杭州市举办，来自中国农业科学院茶叶研究所、农业农村部茶叶质量监督检验测试中心、浙江大学的专家参与了评价。本次评价共收到来自全国16个省、市、自治区委托茶样135个。专家经评审认为，本次评价黑茶茶样整体表现较为突出，青茶、绿茶、红茶品质稳定，白茶尚有一定的提升空间。学会将根据评审结果，依据《中国茶叶学会茶叶品质评价办法》评定星级、出具评价报告、发布评价排行榜，评价结果可在中国茶叶学会官方网站查询。

中国茶叶学会充分发挥专家优势和第三方公正性优势，已连续四年开展全国茶叶品质评价工作。评价分企业自主申请与地方区域专项评价两类，点面结合，有效推动了广大茶企改进工艺、提升品质，同时也为地方政府决策咨询提供了建议，助力各地茶产业发展。2021年全国茶叶品质评价共收到19个省、自治区、直辖市，275家企业委托茶样460个，包括161个绿茶、147个红茶、56个黑茶、54个白茶、25个乌龙茶及17个特种茶。学会按照《中国茶叶学会茶叶品质评价办法》及国家标准《茶叶感官审评方法》（GB/T 23776—2018）对每个茶样的外形、汤色、香气、滋味、叶底进行五因子审评，并根据评审结果提出综合评价结论及改进建议，使企业全面了解产品在相同茶类中的品质水平，根据评价意见，进一步改进工艺和品质，提升产品市场竞争力。

受各地农业农村局、茶叶站等茶叶主管部门的委托，2021年为江西浮梁茶、庐山云雾茶、陕西商洛茶、广西六堡茶、陕西泾阳茯茶、湖南永顺莓茶等开展地方区域专项评价，

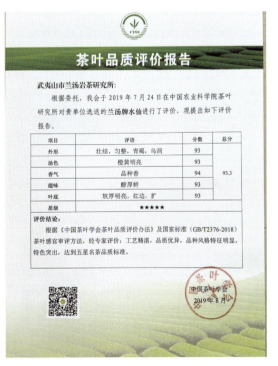

图 10-7 茶叶品质评价证书

根据茶样整体表现归纳提炼区域茶叶品质特征，分析存在问题并提出改进建议，同时出具单个茶样及整体品质评价报告，为地方政府决策咨询提供建议，助力当地茶产业发展。学会评定的五星茶样将有机会在中国茶业科技年会、学会微信公众号、线上直播平台等展示。为助力茶业高质量发展，促进茶叶品牌提升，2022年学会将继续开展全国茶叶品质评价活动，欢迎有关单位和个人参加！

报道二：茶叶品质评价|2019年全国茶叶品质评价优秀茶样展示——乌龙茶、白茶篇

2019年中国茶叶学会发挥专家和第三方公正性优势，开展了全国茶叶品质评价活动。

本次评价由权威专家组成评审专家委员会，根据《中国茶叶学会茶叶品质评价办法》及国家标准《茶叶感官审评方法》（GB/T 23776—2018）对六大茶类、花茶、茶制品、特种茶等多个茶类的每个茶样进行深入感官评析，作出全面客观的评价，提供茶叶品质详尽的评价报告，并对评价茶样判定星级。通过评价，企业能全面了解自身产品的优劣特点，并比较茶样在全国相同茶类中的品质水平，以利于产品工艺改进和品质提升；专家给出的中肯评价和特点归纳，不但为企业品牌宣传提供基础支撑，同时也是给消费者提供了选购建议。本次评价中不乏一些特别优秀茶样，茶叶品质居全国领先水平，上一期与大家分享了绿茶和红茶，还收到了不少单位和个人前来咨询茶样信息。这一期我们继续分享乌龙茶和白茶，见图10-8。

图10-8　乌龙茶与白茶优秀茶样展示

报道三：地方斗茶赛——以武夷山天心村斗茶赛为例

2020年本届天心村斗茶节（水仙、肉桂、大红袍、名丛），优胜者们经过10月初赛、11月上旬复赛及决赛3天的终极对决在专家和大众评审们层层筛选下最终成功突围，脱颖而出！详见图10-9、图10-10。

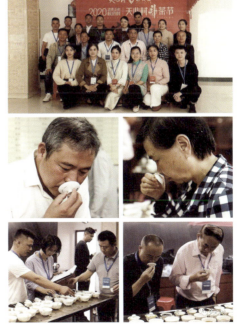

图10-9　天心村斗茶赛现场

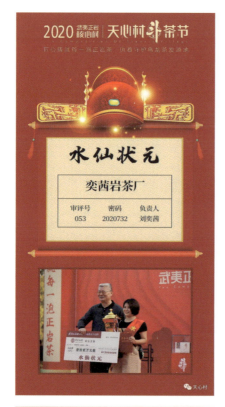

图 10-10　天心村斗茶赛颁奖现场

第四节　茶类专题培训案例

一、活动通知与课表

中国农业科学院茶叶研究所

关于举办第四届闽北乌龙茶品质评鉴研修班的通知

茶叶从业者及茶叶爱好者：

为了进一步科学认识武夷岩茶，搭建良好的产供销平台，助推武夷山茶产业发展，中国农业科学院茶叶研究所于 2019 年 6 月在武夷山市举办第四届闽北乌龙茶品质评鉴研修班。现将有关事项通知如下：

一、参加对象

具有中级评茶员及以上资格的茶叶从业者及茶叶爱好者，约 50 人。择优录取，额满为止。

二、研修时间

6 月 25—29 日，6 月 25 日报到，6 月 26—29 日培训

三、主要内容

1. 武夷岩茶概况
2. 武夷岩茶种质资源，武夷岩茶加工工艺
3. 不同地域、不同品种的武夷岩茶审评
4. 当地企业学习交流

四、报到及住宿地址

武夷山佰翔花园酒店（武夷山市五九南路 6 号）

联系电话：0599-6039999，王经理 15859908987

图 10-11　培训通知

日期	时间		内容	任课教师
10月25日	下午	1:30-5:30	报到	班主任
10月26日（星期二）	上午	8:00-8:30	开班仪式	有关老师
		8:30-9:30	武夷茶概论	李远华 教授
		9:30-10:30	武夷岩茶的古法耕作	林小明 高级制茶工程师
		10:30-12:00	武夷岩茶品种资源	陈荣冰 研究员
	下午	2:00-3:30	武夷岩茶加工技术	郭雅玲 教授
		3:30-6:00	武夷岩茶的感官审评技术	郭雅玲 教授
	晚上	7:00-9:00	企业交流	
10月27日（星期三）	上午	8:30-12:00	水仙审评实践	郭雅玲 教授 冯花 讲师
	下午	2:00-3:00	武夷岩茶冲泡与品鉴方法	刘国英 高级农艺师
		3:00-5:30	武夷岩茶冲泡与品鉴实践	刘国英 高级农艺师 林燕萍 副教授
	晚上	7:00-9:00	企业交流	
10月28日（星期四）	上午	8:30-12:00	武夷名丛及新品种审评实践	陈荣冰 研究员 林燕萍 副教授
	下午	1:30-6:00	武夷星、香江茗苑考察交流	陈荣冰、林燕萍 刘安兴
	晚上	7:00-9:00	企业交流	
10月29日（星期五）	上午	8:30-9:30	肉桂审评要领	刘宝顺 高级农艺师
		9:30-12:00	肉桂审评实践	刘宝顺 高级农艺师 林燕萍 副教授
	下午	2:00-4:30	大红袍审评实践	修明 高级农艺师 林燕萍 副教授
		4:30-5:30	"岩韵"成因分析与品鉴要领	林燕萍 副教授

图 10-12　课表

二、活动报道（转自中国茶叶学会微信公众号）

中国茶叶学会公众号"每一天尽享岩骨花香——第七届闽北乌龙茶研修班"。

2021 年 10 月 25—29 日，由中国农业科学院茶叶研究所、中国茶叶学会主办的第七届闽北乌龙茶品质评鉴研修班在福建省武夷山市成功举办。来自浙江、上海、安徽、福建、山东、江苏等 16 个省、市的 46 名学员参加了此次培训。

10 月 26 日上午，研修班举行了简单的开班仪式，福建省农科院茶叶研究所原所长陈荣冰研究员、武夷学院李远华教授、林燕萍副教授等专家出席。

1. 系统课程，权威专家，收获专业知识

本期研修班精心设置了课程，邀请了权威专家进行授课，从闽北乌龙茶的历史背景，到品种资源和加工技术，再到武夷岩茶的感官审评技术，让学员们对闽北乌龙茶有了更全面、系统、科学的认识。水仙审评、肉桂审评、大红袍审评、武夷名丛及新品种审评。研修班精心设置了 11 个茶样组合共计 66 款茶样，供学员们在课堂上开展审评实践。一线的茶叶感官审评专家郭雅玲教授、陈荣冰研究员、刘国英高级农艺师、刘宝顺高级农艺师、修明高级农艺师、林燕萍副教授等带领着学员们一起，审评分析每支茶样的不同香气、滋味等特点。学员们在老师的带领下，大大提升了对武夷岩茶的感官审评能力。

图 10-13　理论课　　　　　　　　　图 10-14　实践课

2. 实地参观，有问必答，深度茶企交流

除了专业理论知识的学习和大量的茶叶感官审评实践，研修班还安排学员们实地参观了武夷星茶业有限公司和武夷山香江茶业有限公司。同时，为了充分利用每天晚上的课余时间，研修班以设立学习小组的形式，安排学员深入当地代表性茶企展开学习交流活动。四天时间里，学员们通过系统的理论学习、品质评鉴、实地考察学习与企业交流，大幅度提升了对闽北乌龙茶的科学认知和评鉴水平，对促进闽北乌龙茶产业的高质量发展具有积极意义。

图 10-15　晚间分组进行企业交流

图 10-16　结业

第五节 茶叶感官审评研究学术沙龙案例

一、活动概况

为交流茶叶感官审评研究最新进展，了解感官科学发展动态，提升茶叶感官审评技术水平，中国茶叶学会组织举办茶叶感官审评研究学术沙龙。以第七届白茶感官审评研究学术沙龙为例。

二、通知

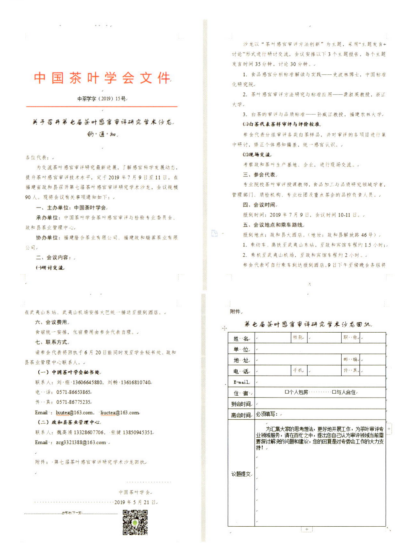

图 10-17 通知

三、活动报道

2019年7月10—11日，由中国茶叶学会主办，中国茶叶学会感官审评与检验专业委员会、政和县茶业管理中心承办的第七届茶叶感官审评研究学术沙龙在福建省政和县举行。本届沙龙以"茶叶感官审评方法创新"为主题，来自全国15个省市的高校、茶叶研究所、检测机构、主管部门以及相关企业的120余位茶叶专家、学者、茶界人士参会。

政和县委书记黄爱华、县长张行书分别致欢迎辞并对政和县茶产业进行了介绍，中国茶叶学会副理事长、湖南农业大学肖力争教授出席开幕式并致辞，开幕式由中国茶叶学会茶叶感官审评与检验专业委员会副主任委员兼秘书长刘栩主持。

在学术交流环节，中国标准化研究院食品所感官分析研究室史波林副研究员首先作了题为《食品感官分析标准解读与实践》的主题报告，从基础技术、核心基石和构成现状对标准进行了解读，并通过感官评价人员能力表现评估与感官分析实质两方面提出了关于标准的实践与思考。浙江大学茶学系龚淑英教授以《茶叶感官审评方法研究与标准应用》为题，阐述了茶叶感官审评的研究进展，介绍了茶叶感官审评的相关标准，并指出了现行标准中待完善的内容。福建农林大学孙威江教授以《白茶品质与品鉴标准》为主题作了发言，从白茶产业发展、适制白茶品种、白茶的标准体系、白茶的品质与品鉴等方面对白茶做了详细而全面的介绍。

在审评实践交流环节，与会代表们从外形、汤色、香气、滋味、叶底等五个方面，对全国范围内选送的40个典型白茶茶样进行分组审评，并由福建农林大学郭雅玲教授对白茶审评结果进行了分析。

茶叶感官审评研究学术沙龙始于2013年，以"一年一届会，一届一类茶，理论交流与审评实践结合"的方式在各地开展，迄今已成功举办七届。本届沙龙汇聚了茶叶及相关领域的感官审评专家，以学术交流与审评实践结合的方式深入交流探讨了关于茶叶感官审评方法的创新。

图10-18 第七届茶叶感官审评学术沙龙

图 10-19　四个白茶主题审评（全国白茶、福建白茶三大经典产区、不同品种白茶、不同等级白茶）

第六节　茶叶审评主题方案设计
——以学生的期末考核方案"初识六大茶类"主题审评为例

初识六大茶类

中国茶叶基本分为六大茶类，以颜色和发酵度来划分。其中，不发酵的绿茶，最大程度保留了茶的鲜度；轻微发酵的黄茶，比绿茶更多一份柔和；不炒不揉的白茶，最多的保留了自然的原味；半发酵的青茶，创造出千变万化的香气；全发酵的红茶，是当今世界消费量最大的茶；发酵时间最长的黑茶，曾经是游牧民族的生命之饮。

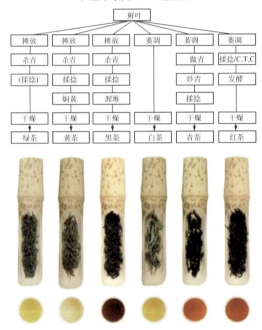

成员：黄宇晴、杜梦茹、赖佳慧、王佳睿
指导老师：林燕萍

图 10-20　期末主题审评案例

审评实验课结束后，期末考查其中一作业为学生的茶叶品鉴组合案例的设计，案例有主题，结合茶叶一线茶工厂、茶馆等实际情况，将不同的茶品科学的组合，增加趣味性与知识性，有利于提升学生的创造力。具体案例见图 10-20。

一、审评主题

初识六大茶类。

二、设计理念

从茶叶的历史发展为线索，唐宋时期以绿茶为主，至明清时期出现各大茶类。1979 年由陈椽教授提出六茶类之说，茶多酚酶的双重性带来六大茶类的可能性，六大茶类的划分以颜色划分，实质是多酚酶的氧化程度，由不同的工艺决定不同的方向。非酶性氧化的绿茶、黄茶、黑茶，酶性氧化的白茶、青茶、红茶。一杯茶里面浓缩了人类进化史，什么样的茶适宜人类品饮？看似不同的六大茶类实质上能量等同，是温度与火的此消彼长，比如绿茶的加工高温短时，白茶的加工低温长时，最后所呈现的状态都是适宜人类品饮的一杯茶。而品种的特性也决定了不同的茶类方向，即适制性。这就好像芸芸众生的我们，在前进的道路上找寻一条更适合自我发展的一条路，学无止境，为茶产业的发展贡献出微薄之力。

六大茶类代表样感官品质审评表与图见图 1-36，表 1-11。

三、主题审评图与表

本次主题审评方案设计"六大茶类代表"的审评图与表详见图 1-41，表 1-17。

四、团队分工

主题茶样的品质审定：张芳婷，胡纪元。
冲泡及解说：杜梦茹，赖佳慧。
文案编辑：王佳睿。
视频拍摄：黄雨晴。
指导老师：林燕萍。

附录一:《茶叶审评实验》报告

《茶叶审评实验》报告

学号　　　　　姓名　　　　　日期　　　　　成绩

实验名称：

一、目的要求

二、茶样与器具

三、内容提要（审评主题；审评方法；操作步骤与要领；品质特征；注意事项）

四、作业题

茶叶感官审评结果记录表（格式1）

序号	茶类	茶样名称	外形 %	汤色 %	香气 %	滋味 %	叶底 %	分数等级	备注

审评小结：

　　　　　　　　　　　　　　　　　　　记录人：　　　　日期：

茶叶审评结果记录表（格式2）

序号与茶名	外形 %		汤色 %		香气 %		滋味 %		叶底 %		总分
	评语	分	评语	分	评语	分	评语	分	评语	分	

附录二：茶叶审评相关标准

茶叶标准的作用及其标准分类体系

标准是人类文明进步的成果，是世界通用语言，是全球治理体系和经贸合作发展的重要技术基础。茶是全球公认的健康天然饮料，世界粮农组织称茶为"仅次于水的人类健康饮料"。中国是全球茶叶生产和消费的第一大国，完备的茶叶标准，在市场经济法规和世界贸易中占据举足轻重的地位。为了促进茶叶的生产、贸易、质量检验和技术进步，1949年后国家就开始以实物标准样的形式逐步建立茶叶标准。20世纪80年代，国家和地方等有关部门逐步发布、实施了各类茶叶标准。2008年3月，全国茶叶标准化技术委员会正式成立，进一步建立和完善茶叶标准体系，更好地推动茶叶标准化工作。经过各部门几十年来在标准化方面的工作，我国现已初步建立了茶叶标准体系。国际标准《茶叶分类》(ISO 20715：2023）的正式颁布，标志着我国的六大茶类分类体系正式成为国际共识，也是我国在茶叶标准国际化领域取得的具有里程碑意义的成果。

一、茶叶标准化的地位与作用

茶叶标准化工作是中国茶产业健康持续发展的基础，也是提升茶叶质量安全水平、打造企业和区域品牌、增强茶叶市场竞争力的重要保证。茶叶标准是从事茶叶生产、加工、贮存和营销，以及资源开发与利用必须遵守的行为准则，在市场经济的法规体系中，茶叶标准占有十分重要的地位。它是政府规范市场经济秩序，加强茶叶质量安全监管，确保消费者合法权益，维护社会和谐和可持续发展的重要依据。国内外评价和判定茶叶质量安全的主要依据就是由国际组织和各国政府标准化部门制订的茶叶标准与法规。

二、茶叶标准的分类及体系

（一）标准的分类

世界各国标准种类繁多，分类方法不尽统一。根据我国实际情况，并参照国际上最普遍使用的标准分类方法，我国标准分类如下：

（1）按标准的约束力划分。我国标准分为强制性标准和推荐性标准。

（2）按标准制定的主体划分。从世界范围来看，标准分为国际标准、区域标准、国家标准、行业标准、地方标准，团体标准与企业标准。

（3）按标准对象的基本属性划分。标准分为技术标准、管理标准和工作标准。

（4）按标准信息载体划分。标准分为标准文件（文字形式）和标准样品（实物形式）。标准文件的作用主要是提出要求或作出规定，作为某一领域的共同准则；标准样品的作用主要是提供实物，作为质量检验鉴定的对比依据，作为测量设备检定、校准的依据，以及作为判断测试数据准确性和精确度的依据。

（二）茶叶标准体系

我国茶叶标准体系由国家标准体系（茶叶）、全国茶叶标准化技术委员会体系和GH/T 1119—2015《茶叶标准体系表》三个部分组成。

（1）国家标准体系。由国家标准化管理委员会统一制定，包括体系类序号、体系类目代码、体系类目名称、分类编号、重点领域、TC编号及名称、专业部、业务指导单位、ICS、中标分类等内容，具体内容见表1所示。

（2）全国茶叶标准化技术委员会体系。全国茶叶标准化技术委员会体系对应表1中的ID172和ID431部分。

（3）《茶叶标准体系表》（GH/T 1119—2015）。《茶叶标准体系表》（GH/T 1119—2015）是将我国茶叶的国家标准和供销合作行业标准（不包括茶叶机械标准），按其内在联系以一定的形式排列起来的图表，包括已有的标准、正在制定（尚未发布）的标准和预计未来将要制订的国家和供销合作行业茶叶标准，是一种指导性的技术文件，是编制标准制、修订计划的依据，并将随着我国茶叶行业和科学技术的发展而不断更新和充实。

标准体系表的第一层为茶通用（包括基础、质量、方法、物流等）标准，第二层为各茶类标准，第三层为再加工茶类标准，层次结构见图1。

（1）在产品标准领域，已经发布实施GB/T 14456绿茶系列标准、GB/T 13738红茶系列标准、GB/T 30357乌龙茶系列标准、GB/T 32719黑茶系列标准、GB/T 21726黄茶、GB/T 22291白茶、GB/T 22292茉莉花茶、GB/T 34778抹茶等。具体如下：

① 绿茶。绿茶的系列产品国家标准包括：

《绿茶　第1部分：基本要求》（GB/T 14456.1—2017）；

《绿茶　第2部分：大叶种绿茶》（GB/T 14456.2—2017）；

《绿茶　第3部分：中小叶种绿茶》（GB/T 14456.3—2017）；

《绿茶　第4部分：珠茶》（GB/T 14456.4—2017）；

《绿茶　第5部分：眉茶》（GB/T 14456.5—2017）；

《绿茶　第6部分：蒸青茶》（GB/T 14456.6—2017）。

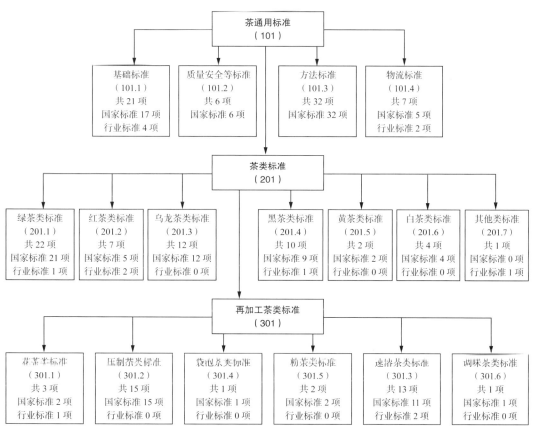

图1 茶叶行业现有标准体系表层次结构图

绿茶的地理标志产品标准包括：

《地理标志产品 龙井茶》(GB/T 18650—2008)；

《地理标志产品 蒙山茶》(GB/T 18665—2008)（除绿茶外还包含黄茶和茉莉花茶）；

《地理标志产品 洞庭（山）碧螺春茶》(GB/T 18957—2008)；

《地理标志产品 黄山毛峰茶》(GB/T 19460—2008)；

《地理标志产品 狗牯脑茶》(GB/T 19691—2008)；

《地理标志产品 太平猴魁茶》(GB/T 19698—2008)；

《地理标志产品 安吉白茶》(GB/T 20354—2006)；

《地理标志产品 乌牛早茶》(GB/T 20360—2006)；

《地理标志产品 雨花茶》(GB/T 20605—2006)；

《地地理标志产品 庐山云雾茶》(GB/T 21003—2007)；

《地理标志产品 信阳毛尖茶》(GB/T 22737—2008)；

《地理标志产品 崂山绿茶》(GB/T 26530—2011)。

② 黄茶。黄茶的系列产品国家标准：

《黄茶》(GB/T 21726—2018)。

③ 黑茶。黑茶的系列产品国家标准包括：

《黑茶　第1部分：基本要求》（GB/T 32719.1—2016）；

《黑茶　第2部分：花卷茶》（GB/T32719.2—2016）；

《黑茶　第3部分：湘尖茶》（GB/T32719.3—2016）；

《黑茶　第4部分：六堡茶》（GB/T32719.4—2016）；

《黑茶　第5部分：茯茶》（GB/T32719.5—2018）。

④ 白茶。白茶的系列产品国家标准包括：

《白茶》（GB/T 22291—2017）；

《紧压白茶》（GB/T 31751—2015）。

白茶地理标志产品标准：

《地理标志产品　政和白茶》GB/T 22109—2008）。

⑤ 乌龙茶。乌龙茶的系列产品国家标准包括：

《乌龙茶　第1部分：基本要求》（GB/T 30357.1—2013）；

《乌龙茶　第2部分：铁观音》（GB/T 30357.2—2013）；

《乌龙茶　第3部分：黄金桂》（GB/T 30357.3—2015）；

《乌龙茶　第4部分：水仙》（GB/T 30357.4—2015）；

《乌龙茶　第5部分：肉桂》（GB/T 30357.5—2015）；

《乌龙茶　第6部分：单丛》（GB/T 30357.6—2017）；

《乌龙茶　第7部分：佛手》（GB/T 30357.7—2017）；

《乌龙茶　第8部分：白芽奇兰》（GB/T 30357.9—2020）。

乌龙茶的地理标志产品标准包括：

《地理标志产品　安溪铁观音》（GB/T 19598—2006）；

《地理标志产品　武夷岩茶》（GB/T 18745—2006）；

《地理标志产品　永春佛手》（GB/T 21824—2008）。

⑥ 红茶。红茶的系列产品国家标准包括：

《红茶　第1部分：红碎茶》（GB/T 13738.1—2017）；

《红茶　第2部分：工夫红茶》（GB/T 13738.2—2017）；

《红茶　第3部分：小种红茶》（GB/T 13738.3—2012）。

红茶的地理标志产品标准：

《地理标志产品 坦洋工夫》（GB/T 24710—2009）。

⑦ 再加工茶。紧压茶的系列产品国家标准包括：

《紧压茶　第1部分：花砖茶》（GB/T 983.1—2013）；

《紧压茶　第2部分：黑砖茶》（GB/T 9833.2—2013）；

《紧压茶　第3部分：茯砖茶》（GB/T 9833.3—2013）；

《紧压茶　第4部分：康砖茶》（GB/T 9833.4—2013）；

《紧压茶 第5部分：沱茶》(GB/T 9833.5—2013)；

《紧压茶 第6部分：紧茶》(GB/T 9833.6—2013)；

《紧压茶 第7部分：金尖茶》(GB/T 9833.7—2013)；

《紧压茶 第8部分：米砖茶》(GB/T 9833.8—2013)；

《紧压茶 第9部分：青砖茶》(GB/T 9833.9—2013)。

其他产品标准有：

《茉莉花茶》(GB/T 22292—2017)；

《袋泡茶》(GB/T 24690—2018)；

《固态速溶茶 第4部分：规格》(GB/T 18798.4—2013)。

⑧ 茶制品。茶制品的系列产品国家标准包括：

《茶制品 第1部分：固态速溶茶》(GB/T 31740.1—2015)；

《茶制品 第2部分：茶多酚》(GB/T 31740.2—2015)；

《茶制品 第3部分：茶黄素》(GB/T 31740.3—2015)。

（2）在基础通用标准领域，目前已经发布实施了GB/T 14487 茶叶感官审评术语、GB/T 18795 茶叶标准样品制备技术条件、GB/T 18797 茶叶感官审评室基本条件、GB/T 30375 茶叶贮存、GB/T 30766 茶叶分类等，以及不同茶类和主要出口大宗产品的生产加工技术规范，如GB/T 32743 白茶加工技术规范、GB/T 32744 茶叶加工良好规范、GB/T 34779 茉莉花茶加工技术规范、GB/T 35863 乌龙茶加工技术规范、GB/T 35810 红茶加工技术规范等相关基础标准。目前茶叶现行有效的国家标准有109项，基本涵盖茶产业领域的重要基础通用标准、产品标准、方法标准等。

（3）在行业标准建设领域，根据目前我国茶产业的发展需求，同时根据国家标准委深化标准化工作改革方案的要求，整合精简强制性标准，优化完善推荐性标准，作为国家标准的补充，行业标准领域目前主要有供销合作行业标准和农业农村部行业标准等。

三、绿茶相关品质标准要求

绿茶（Green Tea），根据现行国家标准《绿茶 第1部分：基本要求》(GB/T 14456.1—2017)，是以茶树（*Camellia sinensis* 〔*Linnaeus.*〕*O. Kuntze*）的芽、叶、嫩茎为原料，经杀青、揉捻、干燥等工序制成的产品。根据杀青和干燥方式的不同，分为炒青绿茶，烘青绿茶，蒸青绿茶，晒青绿茶。

表1 眉茶（mee tea）感官品质标准要求（GB/T 14456.5—2016）

茶别		商品茶代号	外形特征
珍眉	特珍特级	41022	细紧显锋苗，匀整，绿润起霜，洁净
	特珍一级	9371	细紧有锋苗，匀整，绿润起霜，净
	特珍二级	9370	紧结，尚匀整，绿润，尚净
	珍眉一级	9369	紧实，尚匀整，绿尚润，尚净
	珍眉二级	9368	尚紧实，尚匀，黄绿尚润，稍有嫩茎
	珍眉三级	9367	粗实，尚匀，绿黄，带细梗
	珍眉四级	9366	稍粗松，欠匀，黄，带梗朴
雨茶	一级	8147	细短紧结带蝌蚪形，匀称，绿润，稍有茎梗
	二级	8167	短纯稍松，尚匀，绿黄，筋条茎梗显露
秀眉	特级	8117	嫩茎细条，匀称，黄绿，带细梗
	一级	9400	筋条带片，尚匀，绿黄，有细梗
	二级	9376	片带筋条，尚匀，黄，稍带轻片
	三级	9380	片形，尚匀，黄稍枯，有轻片
贡熙	特贡一级	9277	圆结重实，匀整，绿润，净
	特贡二级	9377	圆结，尚匀整，绿尚润，稍有黄头
	一级	9389	圆实，匀称，黄绿，有黄头
	二级	9417	尚圆实，尚匀称，绿黄，黄头显露
	三级	9500	尚圆略扁，尚匀，黄稍枯，有朴片

图2

表2 珠茶（gunpowder tea）感官品质标准要求（GB/T 14456.4—2016）

等级		特级	一级	二级	三级	四级
贸易号		3505	9372	9373	9374	9375
外形	颗粒	圆结重实	尚圆结尚实	圆整	尚圆整	粗圆
	整碎	匀整	尚匀整	匀称	尚匀称	欠匀
	色泽	乌绿润起霜	乌绿尚润	尚乌绿润	乌绿带黄	黄乌尚匀
	净度	洁净	尚洁净	稍有黄头	露黄头有嫩茎	稍有黄扁块有茎梗
内质	香气	浓醇	浓纯	纯正	尚纯正	平和
	滋味	浓厚	醇厚	醇和	尚醇和	稍带粗味
	汤色	黄绿明亮	黄绿尚明亮	黄绿尚明	黄绿	黄尚明
	叶底	嫩匀嫩绿明亮	嫩尚匀黄绿明	尚嫩匀黄绿明	黄绿尚匀	黄尚匀

表3 长炒青绿茶感官品质要求（GB/T 14456.3—2016）

级别	外形	汤色	香气	滋味	叶底
特级	紧细、显峰苗、绿润、匀整、稍有嫩茎	清绿明亮	鲜嫩高爽	鲜醇	柔嫩匀整、嫩绿明亮
一级	紧结有峰苗、绿尚润、匀整、有嫩茎	绿明亮	清高	浓醇	绿嫩明亮
二级	紧实、绿、尚匀整、稍有梗片	黄明亮	清香	醇和	尚嫩、黄绿明亮
三级	尚紧实、黄绿、尚匀整、有梗片	黄绿尚明亮	纯正	平和	稍有摊张、黄绿尚明亮
四级	粗实、绿黄、欠匀整、有梗朴片	黄绿	稍粗	稍粗淡	有摊张、绿黄
五级	粗松、绿黄、欠匀整、有黄朴梗片	绿黄、稍暗	粗气	粗淡	粗老、绿黄稍暗

表4 龙井茶感官品质标准要求（GB/T 18650—2008）

级别	外形	汤色	香气	滋味	叶底
特级龙井	扁平光滑、挺直尖削、重实、嫩绿鲜润、匀整、洁净	嫩绿鲜明、清澈	清香持久	鲜醇甘爽	芽叶细嫩成朵，匀齐、嫩绿明亮
一级龙井	扁平光滑尚润、挺直、嫩绿尚鲜润、匀整有锋、洁净	嫩绿明亮	清香尚持久	鲜醇爽口	细嫩成朵、嫩绿明亮
二级龙井	扁平挺直，尚光滑，绿润，匀整，尚洁净	绿明亮	清香	尚鲜	尚细嫩成朵、绿明亮
三级龙井	扁平、尚光滑、尚挺直、尚绿润、尚匀整、尚洁净	尚绿明亮	尚清香	尚醇	尚成朵，有嫩单片、浅绿明亮

续表

级别	外形	汤色	香气	滋味	叶底
四级龙井	扁平、稍有宽扁条、绿稍深、尚匀、稍有青黄片	黄绿明亮	纯正	尚醇	尚嫩匀稍有青张，尚绿明
五级龙井	尚扁平、有宽扁条、深绿较暗、尚整、有青壳碎片	黄绿	平和	尚纯正	尚嫩欠匀，稍有青张，绿稍深

表5 洞庭（山）碧螺春茶的感官品质标准要求（GB/T 18957—2008）

级别	外形	汤色	香气	滋味	叶底
特级一等	纤细、卷曲呈螺、满身披毫、银绿隐翠鲜润、匀整、洁净	嫩绿鲜亮	嫩香清鲜	清鲜甘醇	幼嫩多芽、嫩绿鲜活
特级二等	较纤细、卷曲呈螺、满身披毫、银绿隐翠较鲜润、匀整、洁净	嫩绿鲜亮	嫩香清鲜	清鲜甘醇	幼嫩多芽、嫩绿鲜活
一级	尚纤细、卷曲呈螺、白毫披覆、银绿隐翠、匀整、匀净	绿明亮	嫩爽清香	鲜醇	嫩、绿明亮
二级	紧细、卷曲呈螺、白毫显露、绿润、匀尚整、匀、尚净	绿尚明亮	清香	鲜醇	嫩、略含单张、绿明亮
三级	尚紧细、尚卷曲呈螺、尚显白毫、尚绿润、尚匀整、尚净、有单张	绿尚明亮	纯正	醇厚	尚嫩、含单张、绿尚明亮

表6 信阳毛尖茶的感官品质标准要求（GB/T 22737—2008）

级别	外形	汤色	香气	滋味	叶底
珍品	紧秀圆直，嫩绿多白毫，匀整，净	嫩绿明亮	嫩香持久	鲜爽	嫩绿鲜活匀亮
特级	细圆紧尚直，嫩绿显白毫，匀整，净	嫩绿明亮	清香高长	鲜爽	嫩绿明亮匀整
一级	圆尚直尚紧细，绿润有白毫，较匀整，净	绿明亮	栗香或清香	醇厚	绿尚亮尚匀整
二级	尚直较紧，尚绿润稍有白毫，较匀整，尚净	绿尚亮	纯正	较醇厚	绿较匀整
三级	尚紧直，深绿，尚匀整，尚净	黄绿尚亮	纯正	较浓	绿较匀
四级	尚紧直，深绿，尚匀整，稍有茎片	黄绿	尚纯正	浓略涩	绿欠亮

表7 庐山云雾茶的感官品质标准要求（GB/T 21003—2007）

级别	外形	汤色	香气	滋味	叶底
特级	紧细显锋苗，绿润，匀齐，洁净	嫩绿明亮	清香持久	鲜醇回甘	细嫩匀整
一级	紧细有锋苗，尚绿润，匀整，净	绿明亮	清香	醇厚	嫩匀
二级	紧实，绿，尚匀整，尚净	绿尚亮	尚清香	尚醇	尚嫩
三级	尚紧实，深绿，尚匀整，有单张	黄绿尚亮	纯正	尚浓	绿尚匀

表 8　都匀毛尖茶的感官品质标准要求（DB 52/T 433—2015）

级别	外形	汤色	香气	滋味	叶底
珍品	紧细较卷、白毫显露、匀整、绿润、净	嫩（浅）黄绿明亮	嫩香	鲜爽回甘	嫩匀、鲜活黄绿明亮
特级	较紧细、弯曲露毫、匀整、尚绿润、净	黄绿较亮	清香	醇厚	黄绿较亮
一级	紧结、较弯曲、匀整、深绿、尚净	黄绿尚亮	纯正	醇和	较黄较绿较亮
二级	较紧、尚弯曲、尚匀整、墨绿、尚净	较黄绿尚亮	纯正	纯和	黄尚绿尚亮

表 9　蒙顶甘露茶的感官品质标准要求（GB/T 18665—2008）

级别	外形	汤色	香气	滋味	叶底
特级	细秀匀卷、细嫩银毫、嫩绿油润，净	杏绿鲜亮	嫩香馥郁	鲜嫩醇爽	嫩黄明亮
一级	细紧匀卷、细嫩显毫、嫩绿油润，净	杏绿鲜亮	嫩香持久	鲜爽回甘	嫩黄匀亮
二级	细紧匀卷、细嫩多毫、绿油润，净	黄绿鲜亮	清香持久	醇厚回甘	绿黄匀亮

表 10　南京雨花茶的感官品质标准要求（GB/T 20605—2006）

级别	外形	汤色	香气	滋味	叶底
特级一等	似松针、紧细圆直、有锋苗、白毫略显、绿润，匀整、洁净	嫩绿明亮	清香高长	鲜醇爽口	嫩绿明亮
特级二等	似松针、紧细圆直、白毫略显、绿润，尚匀整、洁净	嫩绿明亮	清香	鲜醇	嫩绿明亮
一级	似松针、紧直、略含扁条、绿尚润、尚匀整、洁净	绿明亮	尚清香	醇尚鲜	绿明亮
二级	似松针、尚紧直、含扁条	绿尚亮	尚清香	尚鲜醇	绿尚亮

表 11　黄山毛峰茶的感官品质标准要求（GB/T 19460—2008）

级别	外形	汤色	香气	滋味	叶底
特级一等	芽头肥壮，匀齐，形似雀舌，毫显，嫩绿泛象牙色，有金黄片	嫩绿清澈鲜亮	嫩香馥郁持久	鲜醇爽回甘	嫩黄，匀亮鲜活
特级二等	芽头较肥壮，较匀齐，形似雀舌，毫显，嫩绿润	嫩绿清澈明亮	嫩香高长	鲜醇爽	嫩黄，明亮
特级三等	芽头尚肥壮，较匀齐，毫显，嫩绿润	嫩绿明亮	嫩香	较鲜醇爽	嫩黄，明亮
一级	朵形，芽叶肥壮，较匀齐，显毫，嫩绿润	嫩黄绿亮	清香	鲜醇	较嫩匀，黄绿亮
二级	芽叶较肥嫩，较匀整，显毫，条稍弯，绿润	黄绿亮	清香	醇厚	尚嫩匀，黄绿亮
三级	芽叶尚肥嫩，条略卷，尚匀，尚绿润	黄绿尚亮	清香	尚醇厚	尚匀，黄绿

表 12　太平猴魁茶的感官品质标准要求（GB/T 19698—2008）

级别	外形	汤色	香气	滋味	叶底
极品	扁展挺直，魁伟壮实，两叶抱一芽，匀齐，毫多不显，苍绿匀润，部分主脉暗红	嫩绿清澈明亮	鲜灵高爽，兰花香持久	鲜爽醇厚，回味甘甜，独具"猴韵"	嫩匀肥壮，成朵，嫩黄绿鲜亮
特级	扁平壮实，两叶抱一芽，匀齐，毫多不显，苍绿匀润，部分主脉暗红	嫩绿明亮	鲜嫩清高，有兰花香	鲜爽醇厚，回味甘甜，有"猴韵"	嫩匀肥厚，成朵，嫩黄绿匀亮
一级	扁平重实，两叶抱一芽，匀整，毫隐不显，苍绿较匀润，部分主脉暗红	嫩黄绿明亮	清高	鲜爽回甘	嫩匀，成朵，黄绿明亮
二级	扁平，两叶抱一芽，少量单片，尚匀整，毫不显，绿润	黄绿明亮	尚清高	醇厚甘甜	尚嫩匀，成朵，少量单片，黄绿明亮
三级	两叶抱一芽，少数翘散，少量断碎，有毫，尚匀整，尚绿润	黄绿尚明亮	清香	醇厚	尚嫩欠匀，成朵，少量断碎，黄绿亮

表 13　六安瓜片茶的感官品质标准要求（DB 34/T 237—2017）

级别	外形	汤色	香气	滋味	叶底
精品	瓜子形、背卷顺直、扁而平伏、匀齐、宝绿上霜、无漂叶	嫩绿、清澈、明亮	花香、高长	鲜爽、醇厚、回甘	柔嫩、黄绿、鲜活、匀齐
特一	瓜子形、背卷顺直、扁而平伏、匀整、宝绿上霜、无漂叶	嫩绿、清澈、明亮	清香、持久	鲜醇、爽口、回甘	嫩绿、匀整、鲜亮
特二	瓜子形、顺直、较匀整、宝绿上霜	黄绿、明亮	清香、尚持久	醇厚、回甘	尚嫩绿、匀整、明亮
一级	瓜子形或条形、尚匀整、色绿上霜	黄绿、明亮	栗香、持久	浓厚	黄绿、明亮
二级	瓜子形或条形、尚匀、色绿有霜、略有漂叶	黄绿、尚亮	栗香尚持久	浓醇	黄绿、尚匀整
三级	瓜子形或条形、有霜、粗老有漂叶	黄绿	纯正	较醇正、尚浓、微涩	绿、欠明

表 14　安吉白茶的感官品质标准要求（GB/T 20354—2006）

| 级别 | 外形 | | 汤色 | 香气 | 滋味 | 叶底 |
	龙形	凤形				
精品	扁平、光滑、挺直、尖削、嫩绿显于色、匀整、无梗、朴、黄片	条直显芽，芽壮实匀整，嫩绿，鲜活泛金边、无梗、朴、黄片	嫩绿明亮	嫩香持久	鲜醇甘爽	叶白脉翠，一芽一叶，芽长于叶，成朵，匀整
特级	扁平、光滑、挺直、嫩绿带绿色、匀整、无梗、朴、黄片	条直有芽，匀整，色嫩绿泛玉色、无梗、朴、黄片	嫩绿明亮	嫩香持久	鲜醇	叶白脉翠，一芽一叶，成朵，匀整

续表

级别	外形		汤色	香气	滋味	叶底
	龙形	凤形				
一级	扁平，光滑，挺直，尖削，嫩绿显于色，匀整，无梗、朴、黄片	条直有芽，匀整，色嫩绿泛玉色，无梗、朴、黄片	尚嫩绿明亮	清香	醇厚	叶白脉翠，一芽二叶，成朵，匀整
二级	扁平，光滑，挺直，尖削，嫩绿显于色，匀整，无梗、朴、黄片	条直尚匀整，色绿润，略有梗、朴、黄片	绿明亮	尚清香	尚醇厚	叶尚白脉翠，一芽二叶、三叶，成朵，匀整

表15 晒青茶的感官品质标准要求《地理标志产品 普洱茶》(GB/T 22111—2008)

级别	外形				内质			
	形状	色泽	整碎	净度	汤色	香气	滋味	叶底
特级	肥嫩紧结芽毫显	绿润	匀整	梢有嫩茎	黄绿清净	清香浓郁	浓醇回甘	柔嫩显芽
二级	肥壮紧结显毫	绿润	匀整	有嫩茎	黄绿明亮	清香尚浓	浓厚	嫩匀
四级	紧结	墨绿润泽	尚匀整	稍有梗片	绿黄	清香	醇厚	肥厚
六级	紧实	深绿	尚匀整	有梗片	绿黄	纯正	醇和	肥壮
八级	粗实	黄绿	尚匀整	梗片稍多	绿黄稍浊	平和	平和	粗壮
十级	粗松	黄褐	欠匀整	梗片较多	黄浊	粗老	粗淡	粗老

四、黄茶相关品质标准要求

根据现行国家标准《黄茶》(GB/T 21726—2018)的划分，将产品根据鲜叶原料和加工工艺的不同，分为芽型（单芽或一芽一叶初展）、芽叶型（一芽一叶、一芽二叶初展）、多叶型（一芽多叶和对夹叶）和紧压型（采用上述原料经蒸压成型）四种（见表16）。

表16 黄茶感官品质要求（GB/T 21726—2018）

级别	外形				内质			
	形状	色泽	整碎	净度	汤色	香气	滋味	叶底
芽型	针形或雀舌形	嫩黄	匀齐	净	杏黄明亮	清鲜	鲜醇回甘	肥嫩黄亮
芽叶型	条形或扁形或兰花形	黄青	较匀齐	净	黄明亮	清高	醇厚回甘	柔嫩黄亮
多叶型	卷略松	黄褐	尚匀	梗	深黄明亮	纯正，有锅巴香	醇和	尚软黄尚亮有梗
紧压型	规整	褐黄	紧实	—	深黄	醇正	醇和	尚匀

五、黑茶相关品质标准要求

黑茶（Dark Green Tea），按照（GB/T 32719.1—2016）规定，黑茶是以茶树鲜叶和嫩梢为原料，经杀青、揉捻、渥堆、干燥等工艺制成的黑毛茶及以此为原料加工的各种精制茶和再加工茶产品。黑茶因产区和工艺上的差别有湖南黑茶、湖北老青茶、四川边茶和滇桂黑茶（普洱茶、六堡茶）之分，详见表17、表18。

表17 普洱茶（熟茶）散茶感官品质要求（GB/T 22111—2008）

级别	外形				内质			
	形状	色泽	整碎	净度	汤色	香气	滋味	叶底
特级	紧细	红褐润显毫	匀整	匀净	红艳明亮	陈香浓郁	浓醇甘爽	红褐柔软
一级	紧结	红褐润较显毫	匀整	匀净	红浓明亮	陈香浓厚	浓醇回甘	红褐较嫩
三级	尚紧结	褐润尚显毫	匀整	匀净带嫩梗	红浓明亮	陈香浓纯	醇厚回甘	红褐尚嫩
五级	紧实	褐尚润	匀齐	尚匀稍带梗	深红明亮	陈香尚浓	浓厚回甘	红褐欠嫩
七级	尚紧实	褐欠润	尚匀齐	尚匀带梗	褐红尚浓	陈香纯正	醇和回甘	红褐粗实
九级	粗松	褐稍花	欠匀齐	欠匀带梗片	褐红尚浓	陈香平和	纯正回甘	红褐粗松

表18 六堡茶（散茶）感官品质（GB/T 32719.4—2016）

级别	外形				内质			
	条索	整碎	色泽	净度	香气	滋味	汤色	叶底
特级	紧细	匀整	黑褐、油润	净	陈香纯正	陈、醇厚	深红、明亮	褐、黑褐、细嫩柔软、明亮
一级	紧结	匀整	黑褐、油润	净	陈香纯正	陈、尚醇厚	深红、明亮	褐、黑褐、尚细嫩柔软、明亮
二级	尚紧结	较匀整	黑褐、尚油润	净、稍含嫩茎	陈香纯正	陈、浓醇	尚深红、明亮	褐、黑褐、嫩柔软、明亮
三级	粗实、紧卷	较匀整	黑褐、尚油润	净、有嫩茎	陈香纯正	陈、尚浓醇	红、明亮	褐、黑褐、尚柔软、明亮
四级	粗实	尚匀整	黑褐、尚油润	净、有茎	陈香纯正	陈、醇正	红、明亮	褐、黑褐、稍硬、明亮
五级	粗松	尚匀整	黑褐	尚净、稍有筋梗茎梗	陈香纯正	陈、尚醇正	尚红、尚明亮	褐、黑褐、稍硬、明亮
六级	粗老	尚匀	黑褐	尚净、有筋梗茎梗	陈香尚纯正	陈、尚醇	尚红、尚亮	褐、黑褐、稍硬、明亮

六、白茶相关品质标准要求

白茶（White Tea），为我国特产茶叶，根据现行国家标准《白茶》（GB/T 22291—2017）是以茶树的芽、叶、嫩茎为原料，经萎凋、干燥、拣剔等特定工艺过程制成的产品。

白茶产品一般分为：白毫银针、白牡丹、寿眉、贡眉，详见表19—表23。

表19 白毫银针感官品质要求（GB/T 22291—2017）

级别	外形				内质			
	形状	色泽	整碎	净度	汤色	香气	滋味	叶底
特级	芽针肥壮、茸毛厚	银灰白富有光泽	匀亮	洁净	清纯、毫香显露	清鲜醇爽、毫味足	浅杏黄、清澈明亮	肥壮、软嫩、明亮
一级	芽针秀长、茸毛略薄	银灰白	较匀齐	洁净	清纯、毫香显露	清醇爽毫香显	杏黄毫香显	嫩匀明亮

表20 白牡丹感官品质要求（GB/T 22291—2017）

级别	外形				内质			
	形状	色泽	整碎	净度	汤色	香气	滋味	叶底
特级	毫心多肥壮、叶背多茸毛	灰绿润	匀整	洁净	鲜嫩、纯爽，毫香显	清甜醇爽、毫味足	黄、清澈	芽心多、叶张肥嫩明亮
一级	毫心较显、尚壮、叶张嫩	灰绿尚润	尚匀整	较洁净	尚鲜嫩、纯爽有毫香	较清甜、醇爽	尚黄、清澈	芽心较多、叶张嫩、尚明
二级	毫心尚显、叶张尚嫩	尚灰绿	尚匀	含少量黄绿片	浓纯、略有毫香	尚清甜、厚	橙黄	有芽心、叶张尚嫩、稍有红张
三级	叶缘略卷、有平展叶、破张叶	灰绿稍暗	欠匀	稍夹黄片、腊片	尚浓纯	尚厚	尚橙黄	叶张尚软有破张、红张稍多

表21 寿眉的感官品质要求（GB/T 22291—2017）

级别	外形				内质			
	形状	色泽	整碎	净度	汤色	香气	滋味	叶底
一级	叶态尚紧卷	较洁净	尚灰绿	较匀	尚橙黄	纯	醇厚、尚爽	稍有芽尖、叶张软、尚亮
二级	叶态略卷稍展、有破张	夹黄片蜡片	灰绿稍暗、夹红	尚匀	深黄	浓纯	浓厚	叶张较粗、稍摊、有红张

表22　贡眉的感官品质要求（GB/T 22291—2017）

级别	外形				内质			
	形状	色泽	整碎	净度	汤色	香气	滋味	叶底
特级	叶态卷、有毫心	洁净	灰绿、墨绿	匀整	橙黄	鲜嫩、有毫香	清甜醇爽	有芽尖、叶张嫩亮
一级	叶态尚卷、毫尖尚显	较洁净	尚灰绿	较匀	尚橙黄	鲜纯、有嫩香	醇厚尚爽	稍有芽尖、叶张软、尚亮
二级	叶态略卷稍展、有破张	夹黄片蜡片	灰绿稍暗、夹红	尚匀	深黄	浓纯	浓厚	叶张较粗、稍摊、有红张
三级	叶张平展、破张多	较多黄片蜡片	灰黄夹红	欠匀	深黄微红	浓、稍粗	厚、稍粗	叶张粗杂、红张多

表23　紧压白茶的感官品质要求（GB/T 31751—2015）

级别	外形	汤色	香气	滋味	叶底
紧压白毫银针	外形端正匀称、松紧适度，表面平整、无脱层、不洒面；色泽灰白、显毫	清纯、毫香显	浓醇、毫味显	杏黄明亮	肥厚软嫩
紧压白牡丹	外形端正匀称、松紧适度，表面较平整、无脱层、不洒面；色泽灰绿或灰黄、带毫	浓纯、有毫香	醇厚、有毫味	橙黄明亮	软嫩
紧压贡眉	外形端正匀称、松紧适度，表面较平整；色泽灰黄夹红	浓纯	浓厚	深黄或微红	软尚嫩、带红张
紧压寿眉	外形端正匀称、松紧适度，表面较平整；色泽灰褐	浓、稍粗	厚、稍粗	深黄或泛红	略粗、有破张、带泛红叶

七、青茶相关品质标准要求

青茶，习惯上称乌龙茶（Oolong Tea），属于半发酵茶。根据国家现行标准《茶叶分类》（GB/T 30766—2014），乌龙茶以特定茶树品种的鲜叶为原料，经萎凋、做青、杀青、揉捻（包揉）、干燥等独特工艺制成的产品。

青茶分布于福建、广东、台湾三个省份。主要分为闽北乌龙茶、闽南乌龙茶、广东乌龙茶与台湾乌龙茶四类。

根据国家标准《地理标志产品 武夷岩茶》（GB/T 18745—2006），武夷岩茶大致可以分大红袍、水仙、肉桂、奇种、名丛。详见表24—表38。

表24 武夷岩茶类型与级别

品类	级别			
大红袍	特级	一级	二级	
水仙	特级	一级	二级	三级
肉桂	特级	一级	二级	
奇种	特级	一级	二级	三级
名丛	不分级			

表25 大红袍的感官品质要求（GB/T 18745—2006）

级别	外形				内质			
	形状	色泽	整碎	净度	汤色	香气	滋味	叶底
特级	紧结、壮实、稍扭曲	带宝色或油润	匀整	洁净	清澈、艳丽、呈深橙黄色	锐、浓长或幽、清远	岩韵明显、醇厚、回甘甘爽、杯底有余香	软亮匀齐、红或带朱砂色
一级	紧结、壮实	带宝色或油润	匀整	洁净	较清澈、艳丽、呈深橙黄色	浓长或幽、清远	岩韵显、醇厚、回甘快、杯底有余香	较软亮匀齐、红边或带朱砂色
二级	紧结、较壮实	油润、红点明显	较匀整	洁净	金黄清澈、明亮	幽长	岩韵显、醇厚、回甘、杯底有余香	较软亮、较匀齐、红边较显

表26 水仙的感官品质要求（GB/T 18745—2006）

级别	外形				内质			
	形状	色泽	整碎	净度	汤色	香气	滋味	叶底
特级	壮结	油润	匀整	洁净	金黄清澈	浓郁鲜锐、特征明显	浓爽鲜锐、品种特征显露、岩韵明显	肥嫩软亮、红边鲜艳
一级	壮结	尚油润	匀整	洁净	金黄	清香特征显	醇厚、品种特征显、岩韵明	肥厚软亮、红边明显
二级	壮实	稍带褐色	较匀整	较洁净	橙黄稍深	尚清纯、特征尚显	较醇厚、品种特征尚显、岩韵尚明	软亮、红边尚显
三级	尚壮实	褐色	尚匀整	尚洁净	深黄泛红	特征稍显	浓厚、具品种特征	软亮、红边欠匀

表 27　肉桂的感官品质要求（GB/T 18745—2006）

级别	外形				内质			
	形状	色泽	整碎	净度	汤色	香气	滋味	叶底
特级	肥壮紧结、沉重	油润、砂绿明、红点明显	匀整	洁净	金黄清澈明亮	浓郁持久，似有乳香或蜜桃香、或桂皮香	醇厚鲜爽、岩韵明显	肥厚软亮、匀齐红边明显
一级	较肥壮结实、沉重	油润、砂绿较明、红点较明显	较匀整	较洁净	橙黄清澈	清高幽长	醇厚尚鲜、岩韵明	软亮匀齐，红边明显
二级	尚结实、卷曲、稍沉重	乌润、稍带褐红色或褐绿	尚匀整	尚洁净	橙黄略深	清香	醇和岩韵略显	红边欠匀

表 28　奇种的感官品质要求（GB/T 18745—2006）

级别	外形				内质			
	形状	色泽	整碎	净度	汤色	香气	滋味	叶底
特级	紧结壮实	油润	匀整	洁净	金黄清澈	清高	清醇甘爽、岩韵显	软亮匀齐、红边鲜艳
一级	结实	油润	匀整	洁净	较金黄清澈	清纯	尚醇厚、岩韵明	软亮较匀齐、红边明显
二级	尚结实	尚油润	较匀整	较洁净	金黄稍深	尚浓	尚醇正	尚软亮匀整
三级	尚结实	尚润	尚匀整	尚洁净	橙黄稍深	平正	欠醇	欠匀明亮

表 29　名丛的感官品质要求（GB/T 18745—2006）（不分级）

外形				内质			
形状	色泽	整碎	净度	汤色	香气	滋味	叶底
紧结、壮实	稍带宝色或油润	匀整	洁净	清澈、艳丽、呈深橙黄色	较锐、浓长或幽、清远	岩韵明显、醇厚、回甘快、杯底有余香	软亮匀齐、红边或带朱砂色

根据国家标准《乌龙茶　第2部分：铁观音》（GB/T 30357.2—2013），铁观音成品依发酵程度和制作工艺，大致可以分清香型、浓香型、陈香型等三大类型。

表 30　铁观音类型与级别

类型	级别				
清香型	特级	一级	二级	三级	
浓香型	特级	一级	二级	三级	四级
陈香型	特级	一级	二级		

表31 清香型铁观音感官品质要求（GB/T 30357.2—2013）

级别	外形				内质			
	形状	色泽	整碎	净度	汤色	香气	滋味	叶底
特级	紧结、重实	翠绿润、砂绿明显	匀整	洁净	金黄带绿、清澈	清高、持久	清醇鲜爽、音韵明显	肥厚软亮、匀整
一级	紧结	绿油润、砂绿明	匀整	净	金黄带绿、明亮	较清高持久	清醇较爽、音韵较显	较软亮、尚匀整
二级	较紧结	乌绿	尚匀整	尚净、稍有细嫩梗	清黄	稍清高	醇和、音韵尚明	稍软亮、尚匀整
三级	尚结实	乌绿、稍带黄	尚匀整	尚净、稍有细嫩梗	尚清黄	平正	平和	尚匀整

表32 浓香型铁观音感官品质要求（GB/T 30357.2—2013）

级别	外形				内质			
	形状	色泽	整碎	净度	汤色	香气	滋味	叶底
特级	紧结、重实	乌油润、砂绿显	匀整	洁净	金黄、清澈	浓郁	醇厚回甘、音韵明显	肥厚、软亮匀整、红边明
一级	紧结	乌润、砂绿较明	匀整	净	深金黄、明亮	较浓郁	较醇厚、音韵明	较软亮、匀整、有红边
二级	稍紧结	黑褐	尚匀整	较净、稍有嫩梗	橙黄	尚清高	醇和	稍软亮、略匀整
三级	尚紧结	黑褐、稍带褐红点	稍匀整	稍净、有嫩梗	深橙黄	平正	平和	稍匀整、带褐红色
四级	略粗松	带褐红色	欠匀整	欠净、有梗片	橙红	稍粗飘	稍粗	欠匀整、有粗叶及褐红叶

表33 闽南色种感官指标（DB 35/T 943—2009）

级别	外形				内质			
	形状	色泽	整碎	净度	汤色	香气	滋味	叶底
特级	紧结、卷曲	砂绿油润	匀整	洁净	橙黄、清澈明亮	清香	鲜醇甘爽	肥厚软亮、匀整
一级	壮结	砂绿油润	匀整	尚净	橙黄、清澈	清纯	尚醇厚	软亮、尚匀整
二级	较壮结	稍砂绿	尚匀整	尚匀净夹细梗	橙黄	尚浓欠长	尚醇	尚软亮/尚匀整
三级	尚壮结	尚乌润	稍整齐	尚匀净夹细梗	深橙黄	稍淡	尚浓稍粗	欠匀亮

表 34 清香型佛手感官指标（GB/T 21824—2008）

级别	外形				内质			
	形状	色泽	整碎	净度	汤色	香气	滋味	叶底
特级	圆结、重实	乌绿润	匀整	洁净	浅金黄、清澈明亮	清高、持久，品种香气明显	醇厚甘爽	肥厚软亮、匀整、叶片不规则红点名
一级	尚圆结	乌绿尚润	匀整	洁净	橙黄、清澈	尚清高、品种香尚明	清醇，尚甘爽	尚肥厚、稍软亮、匀整、叶片不规则红点尚明
二级	卷曲、尚结实	乌绿、稍带褐红	尚匀整	尚洁净，稍有细梗轻片	橙黄、尚清澈	清纯，稍有品种香	尚清醇	黄绿红边明，尚匀整

表 35 诏安八仙茶感官品质要求（GH/T 1236—2018）

级别	外形				内质			
	形状	色泽	整碎	净度	汤色	香气	滋味	叶底
特级	紧结壮实	匀净	青褐带蜜黄、油润	匀整	橙黄明亮	馥郁持久品种香突出	浓厚甘爽	柔软、明亮、红边鲜明
一级	紧结较壮实	较匀净	青褐、较油润	较匀整	橙黄较亮	清高持久品种香明显	醇厚爽口	柔软、红边明显
二级	较紧结	尚匀净	乌褐略带黄褐	尚匀整	橙黄	清香尚持久	醇厚	较柔软
三级	尚紧结	略带黄片	乌褐带黄褐	尚匀整	深黄	纯正	浓略涩	尚柔软

表 36 清香型漳平水仙茶（紧压四方形）感官品质要求（GH/T 1241—2019）

级别	外形			内质			
	形状	色泽	净度	汤色	香气	滋味	叶底
特级	四方形	砂绿间蜜黄或乌褐油润	洁净	金黄明亮	花香显、清高细长、馥郁、品种特征明显	浓醇甘爽、品种特征显	肥厚软亮红边鲜明匀齐
一级	四方形	乌褐（砂绿）油润	洁净	橙黄明亮	花香显、清高、品种特征尚显	浓醇、品种特征明	肥厚、黄亮红边鲜明匀齐
二级	四方形	乌褐较润	洁净	橙黄亮	清纯带花香	醇厚	软、亮、红边较匀齐
三级	四方形	乌褐尚润	洁净	橙黄	纯正	醇和	尚软、较亮、有红边
四级	四方形	乌褐	洁净	深橙黄	尚纯正	尚醇	尚软亮、有红边

表37 单丛（条形）感官指标（GB/T 30357.6—2017）

级别	外形				内质			
	形状	色泽	整碎	净度	汤色	香气	滋味	叶底
特级	紧结重实	净	褐润	匀整	金黄明亮	花蜜香清高悠长	甜醇回甘高山韵显	肥厚软亮匀
一级	较紧结较重实	净	较褐润	较匀整	金黄尚亮	花蜜香持久	浓醇回甘蜜韵显	较肥厚软亮较匀
二级	稍紧结稍重实	尚净	稍褐润	尚匀整	深金黄	花蜜香纯正	尚醇厚蜜韵较显	尚软亮
三级	稍紧结	有梗片	褐欠润	尚匀	深金黄稍暗	蜜香显	尚醇稍厚	稍软欠亮

表38 凤凰单丛茶的感官品质要求（DB44/T 820—2010）

级别	外形	汤色	香气	滋味	叶底
特级	紧结壮直，匀整，褐润有光	金黄清澈明亮	天然花香、清高细锐、持久	鲜爽回甘，有鲜明的花香味，特殊韵味	淡黄红边，软柔鲜亮
一级	紧结壮直，匀整，褐润有光	金黄清澈明亮	花香、清高持久	浓醇爽口，有明显的花香味，有韵味	淡黄、软柔、明亮
二级	尚紧结，匀齐，尚润	清黄	清香尚长	醇厚尚爽，有花香味	淡黄、尚软、尚亮
三级	尚紧结，匀净，乌褐	棕黄	清香	浓醇，稍有花香	尚软尚亮

八、红茶相关品质标准要求

红茶（Black Tea），根据国家现行标准《茶叶分类》（GB/T 30766—2014），以特定茶树品种的鲜叶为原料，经萎凋、揉捻（切）、发酵干燥等独特工艺制成的产品。根据加工方式的不同，红茶一般分为小种红茶、工夫红茶和红碎茶。详见表39—表43。

表39 正山小种茶的感官品质要求（GB/T 13738.3—2012）

级别	外形				内质			
	形状	色泽	整碎	净度	汤色	香气	滋味	叶底
特级	壮实紧结	乌黑油润	匀齐	净	橙红明亮	纯正高长、似桂圆干香或松烟香明显	醇厚回甘显高山韵，似桂圆汤味明显	尚嫩较软有褶皱古铜色匀齐
一级	尚壮实	乌尚润	较匀齐	稍有茎梗	橙红尚亮	纯正、有似桂圆香	厚尚醇回甘，显高山韵，似桂圆汤味尚明	有褶皱，古铜色稍暗，尚匀亮
二级	稍粗实	欠乌润	尚匀整	有茎梗	红亮	松烟香稍淡	尚厚，略有似桂圆汤味	稍粗硬铜色稍暗

续表

级别	外形				内质			
	形状	色泽	整碎	净度	汤色	香气	滋味	叶底
三级	粗松	乌、显花杂	欠匀	带粗梗	红较亮	平正、略有松烟香	略粗、似桂圆汤味欠明、平和	稍花杂

表40 大叶种工夫红茶的感官品质要求（GB/T 13738.2—2017）

级别	外形				内质			
	形状	色泽	整碎	净度	汤色	香气	滋味	叶底
特级	肥壮紧结，多锋苗	乌褐油润，金毫显露	匀齐	净	红艳	甜香浓郁	鲜浓醇厚	肥嫩多芽，红匀明亮
一级	肥壮紧结，有锋苗	乌褐润多金毫	较匀齐	较净	红尚艳	甜香浓	鲜醇较浓	肥嫩有芽，红匀亮
二级	肥壮紧实	乌褐尚润，有金毫	匀整	尚净稍有嫩茎	红亮	香浓	醇浓	柔嫩红尚亮
三级	紧实	乌褐，稍有毫	较匀整	尚净有筋梗	较红亮	纯正尚浓	醇尚浓	柔软尚红亮
四级	尚紧实	褐欠润略有毫	尚匀整	有梗朴	红尚亮	纯正	尚浓	尚软尚红
五级	稍松	棕褐稍花	尚匀	多梗朴	红欠亮	尚纯	尚浓略涩	稍粗尚红
六级	粗松	棕稍枯	欠匀	多梗，多朴片	红稍暗	稍粗	稍粗涩	粗、花杂

表41 中小叶种工夫红茶的感官品质要求（GB/T 13738.2—2017）

级别	外形				内质			
	形状	色泽	整碎	净度	汤色	香气	滋味	叶底
特级	细紧多锋苗	乌黑油润	匀齐	净	红明亮	鲜嫩甜香	醇厚甘爽	细嫩显芽红匀亮
一级	紧细有锋苗	乌润	较匀齐	净稍含嫩茎	红亮	嫩甜香	醇厚爽口	匀嫩有芽红亮
二级	紧细	乌尚润	匀整	尚净有嫩茎	红明	甜香	醇和尚爽	嫩匀红尚亮
三级	尚紧细	尚乌润	较匀整	尚净稍有筋梗	红尚明	纯正	醇和	尚嫩匀、尚红亮
四级	尚紧	尚乌稍灰	尚匀整	有梗朴	尚红	平正	纯和	尚匀尚红
五级	稍粗	棕黑稍花	尚匀	多梗朴	稍红暗	稍粗	稍粗	稍粗硬、尚红稍花
六级	较粗松	棕稍枯	欠匀	多梗多朴片	暗红	粗	较粗淡	粗硬红、暗花杂

表42 祁门工夫红茶的感官品质要求（GB/T 13738.2—2017）

级别	外形				内质			
	形状	色泽	整碎	净度	汤色	香气	滋味	叶底
特茗	细嫩挺秀、金毫显露	乌黑油润	匀整	净	红艳明亮	高鲜、嫩甜香	鲜醇嫩甜	红艳匀亮、细嫩多芽
特级	细嫩金毫显露	乌黑油润	匀整	净	红艳	鲜嫩甜香	鲜醇甜	红亮柔嫩显芽
一级	细紧露毫、显锋苗	乌润	匀齐	净、稍含嫩茎	红亮	鲜甜香	鲜醇	红亮、匀嫩有芽
二级	紧细有锋苗	乌较润	尚匀齐	净、稍含嫩茎	红较亮	尚鲜甜香	甜醇	红亮匀嫩
三级	紧细	乌尚润	匀	尚净、稍有筋	红尚亮	甜纯香	尚甜醇	红亮尚匀
四级	尚紧细	乌	尚匀	尚净稍有筋梗	尚甜纯香	醇	红明	红匀
五级	稍粗尚紧	乌泛灰	尚匀	稍有红筋梗	尚纯香	尚醇	红尚明	尚红匀

表43 坦洋工夫红茶的感官品质要求（GB/T 13738.2—2017）

级别	外形				内质			
	形状	色泽	整碎	净度	汤色	香气	滋味	叶底
特级	紧细显毫、多锋苗	乌黑油润	匀整	净	红艳	甜香浓郁	鲜浓醇	细嫩柔软红亮
一级	紧细有锋苗	乌润	匀整	较净	较红艳	甜香	鲜醇较浓	柔软红亮
二级	紧实	较乌润	较匀整	较净	红尚亮	香较高	较醇厚	红尚亮
三级	尚紧实	乌尚润	尚匀整	尚净有筋梗	红	纯正	醇和	红欠匀

九、茉莉花茶相关品质标准要求

花茶是我国特有的再加工茶类，采用有香气的花卉（例如茉莉花、白兰花、珠兰花等）与茶坯拼和窨制，利用鲜花吐香的规律，运用茶叶吸香的性能，通过加工窨制而成，从而制成有香味的花茶，亦称窨花茶，香片。

茉莉花茶主产于福建（福州、宁德、南平），广西横县，四川犍为，云南元江，湖南长沙，重庆，江苏苏州，浙江金华，安徽黄山等地。茉莉花茶根据茶坯等级品种的不同，分为普通级型茉莉花茶、特种茉莉花茶和造型工艺花茶等种类。详见表44—表46。

表 44　特种烘青茉莉花茶感官指标（GB/T 22292—2017）

类别	外形				内质			
	形状	色泽	整碎	净度	汤色	香气	滋味	叶底
造型茶	针形、兰花形或其他特殊造型	黄褐润	匀整	洁净	嫩黄清澈明亮	鲜灵浓郁持久	鲜浓醇厚	嫩黄绿明亮
大白毫	肥壮紧直重实满披白毫	黄褐银润	匀整	洁净	浅黄或杏黄鲜艳明亮	鲜灵浓郁持久幽长	鲜爽醇厚甘滑	肥嫩多芽嫩黄绿匀亮
毛尖	毫芽细秀紧结平伏白毫显露	黄褐油润	匀整	洁净	浅黄或杏黄清澈明亮	鲜灵浓郁持久清幽	鲜爽甘醇	细嫩显芽嫩黄绿匀亮
毛峰	紧结肥壮锋毫显露	黄褐润	匀整	洁净	浅黄或杏黄清澈明亮	鲜灵浓郁高长	鲜爽浓醇	肥嫩显芽嫩绿匀亮
银毫	紧结肥壮平伏毫芽显露	黄褐油润	匀整	洁净	浅黄或黄清澈明亮	鲜灵浓郁	鲜爽醇厚甘滑	肥嫩、黄绿匀亮
春毫	紧结细嫩平伏毫芽较显	黄褐润	匀整	洁净	黄明亮	鲜灵浓纯	鲜爽浓纯	嫩匀、黄绿匀亮

表 45　烘青茉莉花茶感官指标（GB/T 22292—2017）

类别	外形				内质			
	形状	色泽	整碎	净度	汤色	香气	滋味	叶底
特级	细紧或肥壮、有锋苗有毫	绿黄润	匀整	净	黄亮	鲜浓持久	浓醇爽	嫩软匀齐
一级	紧结有锋苗	绿黄尚润	匀整	尚净	黄明	鲜浓	浓醇	嫩匀
二级	尚紧结	绿黄	尚匀整	稍有嫩茎	黄尚亮	尚鲜浓	尚浓醇	嫩尚匀
三级	尚紧	尚绿黄	尚匀整	有嫩茎	黄尚明	尚浓	醇和	尚嫩匀
四级	稍松	黄稍暗	尚匀	有茎梗	黄欠亮	香薄	尚醇和	稍有摊张
五级	稍粗松	黄稍枯	尚匀	有梗朴	黄较暗	香弱	稍粗	稍粗大

表 46　炒青（含半烘炒）茉莉花茶感官指标（GB/T 22292—2017）

类别	外形				内质			
	形状	色泽	整碎	净度	汤色	香气	滋味	叶底
特种	扁平、卷曲、圆珠或其他特殊造型	黄绿或黄绿润	匀整	净	浅黄或黄明亮	鲜灵浓郁持久	鲜浓醇厚	细嫩或肥嫩匀黄绿明亮
特级	紧结显锋苗	绿黄润	匀整	洁净	黄亮	鲜浓纯	浓醇	嫩匀黄绿明亮
一级	紧结	绿黄尚润	匀整	净	黄明	浓尚鲜	浓尚醇	尚嫩匀黄绿尚亮

续表

类别	外形				内质			
	形状	色泽	整碎	净度	汤色	香气	滋味	叶底
二级	紧实	绿黄	匀整	稍有嫩茎	黄尚亮	浓	尚浓醇	尚匀黄绿
三级	尚紧实	尚绿黄	尚匀整	有筋梗	黄尚明	尚浓	尚浓	欠匀绿黄
四级	粗实	黄稍暗	尚匀整	带梗朴	黄欠亮	香弱	平和	稍有摊张、黄
五级	稍粗松	黄稍枯	尚匀	多梗朴	黄较暗	香浮	稍粗	稍粗、黄稍暗

附录三："斗茶赛"地方团体标准

ICS 67.140.10
CCS X 55

T/ WCGH 001—2022

团 体 标 准

T/ WCGH 001—2022

斗 茶 赛

2022-11-16 发布　　　　　　　　　　　　　　　　　　2022-11-16 实施

武夷山市茶业同业公会　　发布

T/ WCGH 001—2022

前　言

本标准按照《标准化工作导则第 1 部分：标准化文件的结构和起草规则》(GB/T 1.1—2020）的规定起草。

本标准由武夷山市岩上茶叶科学研究所提出。

本标准由武夷山市茶业同业公会归口。

本标准起草单位：武夷学院茶与食品学院、武夷山市市场监督管理局、武夷山市茶产业发展中心、武夷山市岩上茶叶科学研究所、武夷学院武夷茶学院、福建省武夷山市永生茶业有限公司、武夷山市北岩岩茶精制厂。

本标准主要起草人：刘国英、叶江华、游玉琼、修明、叶福开、刘宝顺、范文生、吴宗燕、王顺明、陈荣茂、陈抷、苏德发、晁宏芳、许千里、林燕萍、江丽萍、暨小红。

本标准为首次发布。

斗 茶 赛

1 范围

本标准规定了斗茶赛的定义、总则、比赛茶样、场地、审评人员和流程等要求。

本标准适用于武夷山市各类茶叶评比赛事。

2 规范性引用文件

下列文件对于本文件的应用是必不可少的。凡是注日期的引用文件，仅所注日期的版本适用于本文件。凡是不注日期的引用文件，其最新版本（包括所有的修改单）适用于本文件。

GB 2762 食品安全国家标准食品中污染物限量

GB 2763 食品安全国家标准食品中农药最大残留限量

GB 5749 生活饮用水卫生标准

GH/T 1070 茶叶包装通则

GB/T 14487 茶叶感官审评术语

GB/T 23776 茶叶感官审评方法

GB/T 30375 茶叶贮存

3 术语和定义

斗茶赛是指与茶叶品质评比相关的赛事，审评人员采用GB/T 23776 茶叶感官审评方法，对茶样的外形（条索、色泽、整碎、净度）、香气、滋味、汤色与叶底五项因子进行综合评判，以确定茶样品质的排名。

4 基本原则

4.1 总原则

遵循公开、公平、公正的原则。

4.2 信息公开

斗茶赛方案应提前半个月公布，样品得分及排序等宜在评分结束即时公布。

4.3 公众见证

允许社会公众、媒体人士在现场指定区域观摩茶叶评比的过程。

5 要求

5.1 样品要求

5.1.1 茶叶样品污染物限量应符合 GB 2762 的要求，茶叶样品农药最大残留限量应符合 GB 2763 的要求。

5.1.2 每个参赛单位或个人要求送样不少于 1.0 kg，用无异味、洁净的包装物密封保存，包装应符合 GH/T 1070 的要求。

5.1.3 需附上送样者、品名等详细信息。

5.2 场地要求

5.2.1 比赛场地应选择在地势平坦干燥、环境清静、空气清新、光线充足、周围无异味、无污染的地方。场地应足够宽敞且相对独立，宜选择在室内进行比赛，避免外界干扰。

5.2.2 比赛场地内应配备审评台以及茶叶专用审评用具等，具体规格和要求按 GB/T 23776 的规定执行。

5.3 用水要求

斗茶赛用水的理化指标及卫生指标应符合 GB 5749 的规定，评比时用水水质应一致。

5.4 审评人员要求

5.4.1 专业评委资格

要求身体健康，遵纪守法，能认真履行审评人员职责，按要求完成审评任务，严格遵守审评纪律，公正严明，保守秘密，且具备下列条件之一：

1. 具有涉茶中级及以上职称的人员，从事茶叶品质感官审评工作 10 年以上；
2. 获得茶叶加工工高级技师或高级评茶师职业资格证书的人员，从事茶叶品质感官审评工作 10 年以上；
3. 从事茶行业 30 年以上并经过赛事组委会推荐的人员。

5.4.2 大众评委资格

由送样者、茶叶审评爱好者等构成。

5.4.3 评委组成

分别设专业评委组和大众评委组，其中专业评委组人数应为奇数，且不应少于 3 人，大众评委组人数宜与斗茶赛规模相适应。专业评委组和大众评委组权重比例由主办机构确定。

5.5 审评方法及规则

5.5.1 专业评委和大众评委分数比例由组委会赛前确定并公布。

5.5.2 审评时采取百分制评分，按照 GB/T 23776 茶叶感官审评方法和审评规则进行，按外形（条索、色泽、整碎、净度）、香气、滋味、汤色与叶底五项因子审评方法进行评审，评语依据 GB/T 14487 进行品质描述。

5.6 注意事项

5.6.1 在茶叶审评工作期间，评委不得喝酒、不吃有刺激食物，保证良好的精神状态，不得在审评室吸烟，并保持现场安静有序，确保审评结果的准确性。

5.6.2 每天审评时间不超过 6 小时，茶样不超过 150 个。

6 赛事组织流程

6.1 赛前准备

6.1.1 成立赛事组委会

6.1.2 发布赛事方案

斗茶赛的组织活动方案包括但不限于组织机构、样品要求、评审方法、评分标准、评分程序、赛事奖项设置等相关信息，应在比赛半个月前发布。

6.1.3 征集茶样

按 5.1 要求征集茶样。

6.1.4 准备赛事场地和审评用具

按 5.2、5.3 要求准备赛事场地、审评用具和审评用水。

6.1.5 邀请专家评委

按 5.4 要求邀请专家评委。

6.1.6 样品编号

比赛前由工作人员在公开场合对参赛样品实行编码，至少采取两次以上的编码。

6.1.7 样品保存

组委会应保存好比赛样品，茶样的贮存应符合 GB/T 30375 的要求，记录接收的样品信息。

6.2 赛中流程

6.2.1 赛事分类

赛事分为初赛和决赛。

6.2.2 初赛

若征集的参赛样品数量较多，可先进行两轮以上的初赛，初赛的分数及排名不计入决赛。

6.2.3 决赛

根据决赛得分，从高到低确定名次。若获奖茶样卫生指标超标，则一票否决，排名依次递补。

6.3 赛后工作

决赛结束后，在公众的监督下，应当场公布结果。

附录四：绿茶外观色泽表示方法及色卡

色卡信息	茶样图片	色卡图片	色卡信息	茶样图片	色卡图片
嫩 绿 编号 0584148 色值 #7b7949			金 黄 编号 0295964 色值 #a47244		
翠 绿 编号 0575047 色值 #78753c			青 褐 编号 0373244 色值 #71634d		
青 绿 编号 0594443 色值 #6d6c3d			褐 黄 编号 0404643 色值 #6d5c3b		
黄 绿 编号 0564143 色值 #616b41			银 绿 编号 0532068 色值 #ada98b		
苍 绿 编号 0633840 色值 #63653f			灰 绿 编号 0481942 色值 #6a6555		
枯 黄 编号 0464153 色值 #86794f			灰 暗 编号 0412742 色值 #6b624c		
灰 黄 编号 0473847 色值 #786e4a			深 绿 编号 0542632 色值 #5143f3c		
绿 黄 编号 0494853 色值 #887c47			乌 绿 编号 0532627 色值 #454333		
嫩 黄 编号 0496253 色值 #877833			墨 绿 编号 0562127 色值 #434336		

图3 绿茶外观色泽表示方法及色卡（DB34/T 3168—2018）

主要参考文献

[1] 中华人民共和国国家质量监督检验检疫总局,中国国家标准化管理委员会.茶叶感官审评方法(GB/T 23776—2018)[S].北京:中国标准出版社,2018.

[2] 中华人民共和国国家质量监督检验检疫总局,中国国家标准化管理委员会.茶叶感官审评术语(GB/T 14487—2017)[S].北京:中国标准出版社,2017.

[3] 张颖彬,刘栩,鲁成银.中国茶叶感官审评术语基元语素研究与风味轮构建[J].茶叶科学,2019,(4):474-483.

[4] 戴前颖,叶颖君,安琪,等.黄大茶感官特征定量描述与风味轮构建[J].茶叶科学,2021,(4):535-544.

[5] 刘勤晋,李远华,叶国盛.茶经导读[M].北京:中国农业出版社,2015.

[6] 刘勤晋.茶文化学(第3版)[M].中国农业出版社,2014.

[7] [宋]赵佶,等.大观茶论(外二种)[M].沈冬梅,李涓,编著.北京:中华书局,2013.

[8] 叶国盛,赵宇欣.明清时期武夷茶鉴评辑考[J].武夷学院学报,2018(1):1-4.

[9] 施兆鹏.茶叶审评与检验(第4版)[M].北京:中国农业出版社,2010.

[10] 叶乃兴.茶学概论(第2版)[M].北京:中国农业出版社,2021.

[11] 夏涛.制茶学(第3版)[M].北京:中国农业出版社,2016.

[12] 林燕萍,黄毅彪,郭雅玲.白茶优异品质成因分析与品鉴要领[J].武夷学院学报,2021(2):75-82.

[13] 中华人民共和国国家质量监督检验检疫总局,中国国家标准化管理委员会.地理标志产品 武夷岩茶(GB/T 18745—2006)[S].北京:中国标准出版社,2006.

[14] 郭雅玲.武夷岩茶品质的感官审评[J].福建茶叶,2011(1):45-47.

[15] 林燕萍.武夷岩茶"岩韵"成因分析与品鉴要领[J].武夷学院学报,2018(5):6-10.

[16] 林燕萍,张渤,郭雅玲."武夷茶主题游学"课程设计与实践[J].武夷学院学报,2020(7):66-71.

[17] 林燕萍,刘宝顺,黄毅彪,等.焙火程度对武夷岩茶"大红袍"品质的影响[J].食品研究与开发,2020(22):49-54.

[18] 福建省质量技术监督局.武夷岩茶冲泡与品鉴方法(DB35/T 1545—2015)[S].福州:

福建省质量技术监督局，2015.

[19] 林燕萍，黄毅彪.《茶叶审评与检验》课程教学方法优化与实践[J].武夷学院学报，2020（3）：94-98.

[20] 尹祎. 茶叶标准的分类及其标准体系[J]. 中国茶叶加工，2020（1）：68-70.

[21] LIN Y P, WANG Y, HUANG Y B, et al. Aroma Identification and Classification in 18 Kinds of Teas (Camellia sinensis) by Sensory Evaluation, HS-SPME-GC-IMS/GC × GC-MS, and Chemometrics [J]. Foods (Basel, Switzerland), 2023 (13): 2433.

[22] YANG P, WANG H L, CAO Q Q, et al. Aroma-Active Compounds Related to Maillard Reaction During Roasting in Wuyi Rock tea [J]. Journal of Food Composition and Analysis, 2023: 115.

后 记

2004年，考入福建农林大学茶学专业，在金心怡、郭玉琼、郭雅玲、杨江帆、叶乃兴、林金科、孙云、袁弟顺、郝志龙等专业老师的带领下，学习茶叶专业知识，其间深入茶区，拜访茶人，参与一线茶事科研活动。2011年入职武夷学院茶与食品学院，幸得学院领导及同仁的关照，刘勤晋与陈荣冰老师的指导，做好教学、科研与社会服务。2018年，有幸成为中国茶叶学会感官审评委员会委员，在周智修与刘栩老师的指导下，参与全国一线茶叶从业人员的茶叶专题培训、"中茶杯"与全国茶叶品质评价、茶叶感官审评沙龙等活动，积累了一定的评茶实践经验。

中国茶历史悠久，茶类丰富，饮茶让人们生活变得更加美好。本书通过对茶叶感官审评实验的内容（绿茶、黄茶、黑茶、白茶、青茶、红茶）理论及实践知识进行梳理，设计经典的茶叶审评主题与日常品饮案例，可以让更多的人走进中国茶的世界，领略杯中之山水茶韵。让专业的评茶人员、茶艺师、茶叶爱好者可以更科学地认识茶的品质及成因，进而有利于茶叶产业的良性发展。

本书得到武夷学院新形态教材项目（JC20231005），武夷学院应用型学科建设项目（990—61070215），福建省科学计划项目"中海拔地区优质白茶种质资源筛选与利用"（2021N0033）的资助，得到了张渤院长及诸位同事的支持。本书付梓前，承蒙福建农林大学郭雅玲教授拨冗审稿并给予诸多良好指导意见。特别感谢陈荣冰、张渤、刘栩、黄建安、叶乃兴、杜晓、周红杰、龚淑英、沈红、赵玉香、戴前颖、张颖彬、于良子、叶国盛、陈泉宾、李方、王莉莉、黄毅彪、林燕玲、陈燚芳、方盛、范俊雯、刘宝顺、刘国英、刘仕章、施丽君、余步贵、杨丰、张泽斌、吴秀秀、陈发来、常静、李飞、杨化高、王剑平、傅娟、张秀琴、胡冬财、黄盛、傅瑜、林清兰、何涛、周尧、杨燕、郑凯丽、王佳睿等对教材编撰的帮助。复旦大学出版社方毅超老师为本书的编辑与出版付出辛勤的工作，致以诚挚的谢意。

二〇二三年秋　林燕萍记于武夷学院

图书在版编目(CIP)数据

茶叶审评实验/林燕萍编著. —上海：复旦大学出版社，2024.1
ISBN 978-7-309-16755-9

Ⅰ.①茶… Ⅱ.①林… Ⅲ.①茶叶-评定-教材 Ⅳ.①TS272.7

中国国家版本馆 CIP 数据核字(2023)第 018833 号

茶叶审评实验
CHAYE SHENPING SHIYAN
林燕萍　编著
责任编辑/方毅超

复旦大学出版社有限公司出版发行
上海市国权路 579 号　　邮编：200433
网址：fupnet@fudanpress.com　　http://www.fudanpress.com
门市零售：86-21-65102580　　团体订购：86-21-65104505
出版部电话：86-21-65642845
上海丽佳制版印刷有限公司

开本 787 毫米×1092 毫米　1/16　印张 17.5　字数 382 千字
2024 年 1 月第 1 版第 1 次印刷

ISBN 978-7-309-16755-9/T·733
定价：78.00 元

如有印装质量问题，请向复旦大学出版社有限公司出版部调换。
版权所有　　侵权必究